XINXING SHIPIN GANZAO JISHU JI YINGYONG

新型食品干燥技术及应用

段续 著

化学工业出版社

·北京·

《新型食品干燥技术及应用》介绍了微波冷冻干燥、常压冷冻干燥、喷雾冷冻干燥、冷风干燥、真空微波干燥等多种低温干燥技术，通过丰富实例将工艺过程设计与计算以及设备的选取展现在读者面前。

本书适宜从事食品加工和保鲜的技术人员参考。

图书在版编目（CIP）数据

新型食品干燥技术及应用/段续著 . —北京：化学工业出版社，2018.10
ISBN 978-7-122-32940-0

Ⅰ.①新… Ⅱ.①段… Ⅲ.①食品加工-干燥
Ⅳ.①TS205.1

中国版本图书馆 CIP 数据核字（2018）第 200920 号

责任编辑：邢　涛　　　　　　　文字编辑：汲永臻
责任校对：王素芹　　　　　　　装帧设计：韩　飞

出版发行：化学工业出版社（北京市东城区青年湖南街 13 号　邮政编码 100011）
印　　装：河北鹏润印刷有限公司
710mm×1000mm　1/16　印张 12　字数 229 千字　2018 年 11 月北京第 1 版第 1 次印刷

购书咨询：010-64518888　　　　　售后服务：010-64518899
网　　址：http://www.cip.com.cn
凡购买本书，如有缺损质量问题，本社销售中心负责调换。

定　　价：79.00 元

　　我国已成为世界上最大的农产品加工国，其中脱水农产品占世界贸易量的近 2/3。食品干燥产业已经成为我国促进区域特色农业发展、提高农业效益、增加农民收入、拉动食品产业发展并在国际市场具有明显比较优势和巨大发展潜力的重要行业。干燥是采用某种方式将热量传递给含水物料，且将此热量作为潜热而使水分蒸发分离的操作。但是由于大部分传统干燥工艺采用高温干燥，某些干燥食品在质量上也有所下降。而当前国内外消费者对干燥产品的质量要求日益提高，要求干燥后产品能保留原有的色、香、味、型，且食用方便。鉴于此，国内外许多新型干燥技术趋向于低温干燥操作，同时兼顾干燥效率的提高和能耗的降低。

　　笔者多年来一直从事农产品干燥技术的研究，特别是在农产品高效节能干燥技术研究方面取得了较多成果。针对提高脱水食品品质的问题，研究开发了以微波冷冻干燥、常压冷冻干燥、喷雾冷冻干燥、冷风干燥、真空微波干燥等为代表的多种低温干燥技术与相关产品，解决了许多行业难题。近年来，笔者承担的河南省高校科技创新人才项目"基于热泵除湿的果蔬常压冷冻干燥关键技术研究"、国家自然科学基金项目"介电特性作用下的果蔬微波冷冻干燥行为及机理（U1204332）"、国家自然科学基金项目"果蔬微波冷冻干燥中的孔道演变对其电磁行为和干燥过程的影响机制（31671907）"、 国家自然科学基金项目"基于涡流管制冷效应的怀山药常压冷冻干燥机理及干燥行为控制机制（31271972）"、 国家重点研发计划项目"果蔬干燥减损关键技术与装备研发（2017YFD0400900）"、河南省自然科学基金项目"果蔬冻干-真空微波联合干燥过程中的外观品质劣变途径（182300410062）"取得了一系列关于食品新型冻干技术的研究成果。随着笔者对食品低温干燥过程的认识不断深入。本书也正是这些阶段性成果的初步总结。

　　综上所述，本书着重反映笔者团队的研究成果，来供国内外同行交流学习，同时也介绍了一些国内外同行的研究进展。本书的主要读者是从事食品干燥的技术人员、研究生和本科高年级学生。本书实用性强，辐射面宽，既属于食品加工技术范畴，又涉及工程技术领域，同时还与环境工程、食品工业、农业科学等有密切的关系。本书坚持科学研究与推广普及二者有机融合，在内容上充分考虑技术的前沿性，同时紧密结合生产实际。

本书的主要内容包括 4 个部分：食品冷风干燥技术与调控；食品新型升华干燥技术与应用；食品微波真空干燥技术与应用；食品新型喷雾干燥技术与应用。在本书的撰写过程中，深圳职业技术学院的黄略略博士，河南科技大学的任广跃教授，硕士研究生周四晴、庞玉琪、王月月、段柳柳、廉苗苗、张萌等提供了帮助。在此，对于所有参与、支持、资助出版本书的个人和单位表示衷心的感谢。

由于本书介绍的内容多数属于笔者近年来的科研成果，而干燥技术正处于深入发展的阶段，且笔者水平有限，因此书中有不妥之处，恳请读者和有关同行专家批评指正。

著者
2018 年 5 月

第5章　食品新型喷雾干燥技术与应用　　145

第1章 概　述

1.1　干燥技术的发展

1.1.1　干燥技术的现状

我国的现代干燥技术是从 20 世纪 50 年代逐渐发展起来的，迄今对于常用的干燥设备，如气流干燥、喷雾干燥、流化床干燥、旋转闪蒸干燥、红外干燥、微波干燥、冷冻干燥等设备，我国均能生产供应，对于一些较新型的干燥技术如冲击干燥、对撞流干燥、过热干燥、脉动燃烧干燥、热泵干燥等也都已开发研究，有的已工业化应用。

干燥技术的研究既要研究成千上万种不同干燥物料的干燥性能，也要研究各种节能高效的新型干燥设备，以及研究一定的物料在某种干燥设备中的合理操作参数。人们一直希望通过干燥理论的研究建立干燥模型，以期在计算机上取得最佳结果。遗憾的是，直到今天，对于大多数干燥操作，在无经验的情况下，只能通过试验取得相关数据，来指导生产实践。

对于干燥技术，有三项目标是学者公认的，即：干燥操作要保证产品质量；干燥作业对环境不造成污染；干燥的节能研究。中国科学院工程物理研究所刘登瀛研究员研究了在微时间尺度和高热流密度作用下的超急速传热传质，用试验验证了非傅里叶导热（非平衡）效应的存在，首次提出了非傅里叶热效应和非费克扩散效应对于干燥过程的影响趋势，并对多层流化床干燥机和对撞流干燥机中非稳态干燥过程作了全面研究。此外，对垂直、半环及其组合对撞流干燥进行了理论和试验研究。中国农业大学刘相东教授在干燥理论方面研究了多孔介质内部水分迁移过程的孔道网络模拟及分形网络模拟，对物料和干燥介质之间的热传递过程做出新的解释，为干燥技术提供理论支持，他还对脉动燃烧干燥技术做了深入研究。中国农业大学曹崇文教授是中国谷物干燥专家，他在谷物干燥过程的计算机模拟方面进行了研究，开发了多种模拟软件，研究开发的 5HG-45 粮食干燥成套设备已推广百余台。此外还对多种新型干燥技术，如过热蒸汽干燥、冲击流干燥、脉动干燥、对撞流干燥等做了探讨和研究。中国林业科学院林化所的王宗濂研究员是国内著名的喷雾干燥专家之一，其课题组在离心喷雾雾化器的研究中以三支点力学模型解决了挠性轴系的一系列理论问题，研制喷液量 5～40000kg/h、转速 10000～32000r/min 的雾化器。在高压喷雾方面研制了生产能力达 50t/d，能生产 0.3～0.5mm 粒径的分散染料。大连理工大学干燥工程研究室的王喜忠教授是国内著名的喷雾干燥专家之一，其设计的最大装置年处理能力可达10000t，在磷脂油脂和番茄红素的微胶囊化技术、静电雾化技术、超临界干燥和纳米粉体干燥方面的研究都处于国内领先位置。香港科技大学化工系的陈国华博士对纸的热风冲击干燥做了深入研究，并首次发现有二次升速阶段，此外对中药食品等多孔物料的微波干燥及微波冷冻干燥做了独特的研究。天津科技大学的潘永康教授、李占勇教授研究生物活性物料和蔬果动态干燥时，发现有些生物物料干燥时，如果进风的湿球温度接近生物物料的发酵温度，则可最大限度地保存生物产品的活性。他们对流化床的工业应用做了开发研究，使振动流化床布风均匀，不漏粉料，物料在床内的停留时间可在较大范围内调整。设计的各种特殊的破碎装置，使受热后结团的物料，如聚酯颗粒和吸水树脂，能有效地干燥。东北大学徐成海教授研制了连续真空干燥设备和连续真空冷冻干燥设备，可冷冻干燥活菌、活毒、皮肤、骨骼、角膜等生物制品，在医学上有重要意义。河南科技大学朱文学教授研究利用分形理论研究谷物干燥过程中应力裂纹的扩展机理，进行了扩展动力学分析和扩展过程的模拟。通过对谷物红外辐射吸收特性的研究，运用非匹配红外吸收原则确定了谷物红外干燥光谱区域，设计了新一代的燃气红外干燥机，为谷物快速、保质、低成本的干燥、贮藏提供了新的选择。

食品干燥技术是一个非常活跃的研究方向。食品通过脱水干燥，可提高原料中可溶性物质的浓度，阻碍微生物繁殖，抑制蔬菜中酶的活性，从而使脱水后的蔬菜能够在常温下较久保存，且便于运输和携带。食品干燥可采用常压热风干燥（如网带式干燥机）、真空冷冻干燥、微波干燥、远红外干燥、渗透干燥和过热蒸汽干燥。近年来新开发的干燥设备有喷射泵式真空冻干设备、真空油炸果蔬脆片设备、氮气干燥器、太阳能成套干燥设备、微波真空干燥机、振动流化床干燥机等。

食品干燥研究存在的问题一是对各种脱水食品的复水性能缺乏研究，较少了解某些干制品改善复原性常用的手段；二是选择合适干制手段的能力较弱。近年来有过分夸大某种干燥方式的优点而忽略其缺点的趋势，如一味强调冻干产品品质的优点，而忽略其易吸潮、易碎、设备投资大、操作费用高等缺点。在保证品质方面，开发选用不同干制技术以适应不同食品原料的干制特性，从而保障干制品的品质。如真空冷冻干燥、过热蒸汽干燥分别适用于热敏性和过敏性物料的干燥；微波加热均匀，可以避免一般加热干燥过程由于内外加热不匀而引起的品质下降，能充分保持新鲜食材原有的营养成分，并具有反应灵敏、便于控制、热效率高、无余热、无污染等显著特点；远红外干燥可使干燥效率和干燥质量显著提高；连续冷冻干燥则是一种发展趋势。

微波干燥、远红外干燥和声波干燥是国际上应用较为普及的三种高效节能新技术。国际趋势是将微波或远红外与真空低温技术结合，避免内部升温失控。热泵和太阳能干燥是近年才应用在食品干燥中的节能新技术，但干制温度低、干燥时间较长。

1.1.2 干燥技术的可持续发展道路

干燥操作涉及的领域极为广泛，在化工、医药、食品、造纸、木材、粮食与农副产品加工、建材、环保等领域，干燥操作常常成为其生产过程的主要耗能环节；同时，干燥单元对环境的污染也相当严重，干燥技术必须走绿色可持续发展道路。

（1）改进干燥工艺，改变单一粗放型干燥方式

目前，我国多数产品的干燥操作是在单一干燥设备内、在一种干燥参数下完成的。从物料干燥动力学特性可以看出，物料在不同的干燥阶段，其最优干燥参数是不同的。采用单一干燥设备和单一干燥参数，不仅造成能源与资源的浪费，还会影响干燥质量与产量。因此，首先必须从干燥工艺上进行改进，例如采用组合干燥方式，即在物料的不同干燥阶段，采用不同干燥参数和干燥方式，可实现对干燥过程的优化控制。同时吸收绿色设计的理念，改变粗放型的干燥方式，逐步向循环经济的方向发展，即实现无废弃物、零污染排放、高效优化用能和优质生产。

（2）进行全面节能技术改造，实现装备的升级换代

全面节能应包括过程节能、系统节能和单元设备节能几个方面，其根本目的是提高能源的利用效率，以降低一次能源消耗和提高单位能耗产值。过程节能指生产过程的节能。对整个工业生产而言，是争取实现循环经济，即上游生产的产品或副产品可作为下游生产的原料或燃料。在循环经济理念中是没有废物的，而只是处于不同生产环节中的资源。如对干燥尾气的循环利用，既达到了节能目的，又防止了废气的排放。系统节能是指对干燥系统进行总能系统分析，以实现系统中各单元设备的优化配置，实现能源的对口合理梯级利用。单元设备节能包括干燥器和热源设备的节能改造。目前，在我国的干燥设备中，低效高污染的老式设备仍占大多数，低水平重复的现象相当严重。

除了采用经济和行业标准手段，逐渐淘汰这些落后设备以外，应当加大开发先进节能干燥设备的技术投入和推广力度，重视干燥基础理论研究，加快引进其他领域的科研成果，如热管技术、超临界流体技术、热泵技术、计算机智能技术、脉动燃烧技术等。干燥单元操作可以采取下列节能措施：提高入口空气温

度；降低出口空气温度；降低蒸发负荷；预热料液；减少空气从连接处漏入；用废气预热干燥介质；采用组合干燥；利用内换热器；废气循环；改变热源；干燥区域保温，防止干燥过度。要采用先进的制造技术理念，如绿色制造，智能设计、并行设计技术，以实现干燥装备的升级换代。

（3）大力发展应用新能源与工业余热的干燥技术

大力调整和优化能源结构，是我国实施中长期能源发展规划的主要战略措施之一。我国有丰富的太阳能资源、生物能资源、风能和地热能，这些都是宝贵的新能源。国内外专家学者已对太阳能干燥技术进行了大量研究工作并取得了一些成果，譬如利用太阳能作为补充热力的热源已获成功。另外可采用先进节能技术如热管技术和热泵技术对余热进行回收，以达到节能的目的。

1.2　食品干燥技术发展现状

我国是果蔬、肉禽蛋奶等农产品的生产大国，每年生产的大量农产品用于当地消费或者出口。很多农产品都有很高的初始水分含量，使用干燥脱水把水分控制在安全贮藏水分范围是非常有效的方法。脱水是保存食品最古老的方法。水果在太阳下曝晒、鱼和肉的熏烤等都是源于古代的干燥方法。食品干燥最主要的问题就是质量损失。干燥食品的质量减轻，可以节约运输成本，由于在传统空气干燥脱水食品的过程中，长时间高温干燥过程会使产品品质发生不良的变化，而消费者对产品的质量要求是干燥后产品能保留原有的色、香、味，且食用方便，因此选择合适的干燥方法是食品脱水加工技术的客观要求。目前，许多新型干燥技术利用低温干燥或减少干燥时间等方法，因此可以考虑用于食品工业。下面主要介绍几种典型的干燥方法以及在食品工业中的应用进展。

1.2.1　微波干燥

微波是一种高频电磁波，频率为 $300\sim300000\mathrm{MHz}$，其波长为 $0.001\sim1\mathrm{m}$。微波干燥不同于热风及其他干燥方式，食品吸收微波后内部直接升温，形成较小的正温度梯度，有利于内部水分的扩散，使干燥速率大大加快，是一项值得深入研究的新技术。下面介绍一下微波干燥的原理、特点及应用现状。

微波干燥原理是：微波发生器将微波辐射到干燥物料上，当微波射入物料内部时，穿透使水等极性分子随微波的频率做同步旋转，水等极性分子做如此高速旋转的结果使物料瞬时产生摩擦热，导致物料表面和内部同时升温，使大量的水分子从物料逸出，达到物料干燥的效果。由于物料中水分的损耗因子较大，能大量吸收微波能并转化为热能，促进内部水分蒸发。微波干燥过程中，温度梯度、压力梯度与水分的迁移方向均一致，从而强化了干燥过程。因此，微波干燥具有干燥速率快、干燥效率高等优点。

　　微波加热具有热效应和生物效应，因此能在较低的温度下杀灭霉菌和细菌，最大限度地保持物料的活性和食品中的维生素、色泽和营养成分。微波干燥经常与热风干燥相联合，可以提高干燥过程的效率和经济性。因为热空气可以有效地排除物料表面的自由水分，而微波干燥提供了排除内部水分的有效方法，两者结合就可以发挥各自的优点使干燥成本下降。

　　郭梅介绍了微波干燥杀菌的原理、特点及微波技术在不断完善自身技术与设备的同时，与其他干燥技术，如热风干燥、真空干燥、冷冻干燥、远红外线干燥等技术相结合，向更深更广的方向发展。张国琛等详细阐述了微波真空干燥技术的原理、特点及在食品工业中的应用，分析了微波真空干燥技术存在的问题，介绍了该技术在国内外的研究现状。微波真空干燥是综合微波干燥和真空干燥各自优点的一项新技术，非常适合食品的干燥生产，随着微波真空干燥设备的计算机监测技术和自动化水平的不断提高，微波真空干燥技术将在食品生产中获得更广泛地应用。杨旭等从微波干燥的加热特性和干燥机理等方面，对微波干燥设备的性能特点进行了论述，并根据我国干燥机市场现状，认为微波干燥在食品工业、医药工业和农产品加工等方面是从优的选择。而且，现在市场上出现的大功率微波干燥设备的性能价格比已经能为广大用户所接受。

1.2.2　喷雾干燥

　　喷雾干燥是用喷雾器将料液喷成雾滴分散于热气流中，使料液所含水分快速蒸发的一种干燥方法。喷雾干燥技术的应用已有 100 多年的历史，但在我国发展起步较晚。自 1865 年喷雾干燥最早用于蛋品处理以来，这种由液态经雾化和干燥在极短时间直接变成为固体粉末的技术，在 20 世纪取得了长足的进展，现已广泛应用于食品、制药、化工、环保等诸多领域。

　　刘静波等采用喷雾干燥技术制备了速溶蛋黄粉并对不同溶解程度的蛋黄粉进行特性研究。通过流变学性质、颗粒结构和稳定性分析研究不同溶解程度的蛋黄粉性质差异。刘贺等通过响应面设计方法探讨减压浓缩脱水比例、进风温度和进料速度等喷雾干燥工艺参数对扁杏仁水解蛋白溶液干燥效果及水解蛋白粉抗氧化活性的影响，获得表征相关指标的数学模型。廖传华等结合目前我国所使用的奶品干燥设备及国内外干燥技术和干燥机的现状，对奶粉干燥设备即喷雾干燥设备的现状、应用及发展方向做了简述。喷雾干燥设备的雾化结构和形式、塔体结构、均风、排风、扑粉、出粉形式、与其他工艺设备组合情况、自动控制系统等的设计均必须与所处理物料相适用。

　　赵丽霞等针对喷雾干燥流程、喷雾干燥设备类型及喷雾干燥技术的应用进行了探讨。表明一般喷雾干燥包括料液雾化、物料与热干燥介质的接触混合、物料的干燥、干燥产品与干燥介质分离 4 个阶段，介绍了喷雾干燥在制药领域、烟气脱硫、造纸黑液处理中的应用。李国庆等提出了喷雾干燥器的改进方法：热风炉的改进、提高喷枪高度、提高塔内负压、提高泥浆浓度、改进喷嘴结构等。张彩虹等从工艺、机理、产品的质量和节能等几个方面对喷雾干燥在生物质资源加工利用中的发展状况进行了概述，发现研究过程中尚存在着一些问题，如由于高进气温度使产品质量下降，在干燥室或工艺管中发生产品黏壁，系统能效低及生物制品中活性物质被破坏，等；亟需在工艺及设备等方面改进和提高，因此很有必要对喷雾干燥技术进行更深入地研究。

喷雾干燥技术可对溶液、悬浮液、乳浊液等进行干燥，所得产品粒度小、均匀，流动性和速溶性好，现已广泛应用于食品、制药、化工、环保等诸多领域。它使许多有价值但不易保存的物料得以大大延长保质期，使一些物料便于包装、贮存和运输。同时，简化了一些物料的加工工艺。随着对喷雾干燥技术和设备的深入研究与开发，喷雾干燥技术将拥有更为广阔的应用前景。

1.2.3　真空冷冻干燥

食品真空冷冻干燥设备是利用冰升华的原理，在高度真空的环境下，将已冻结了的食品物料的水分不经过冰的融化，直接从冰固体升华为蒸汽，而一般真空干燥物料中的水分是在液态下转化为气态而将食品干燥，所以冷冻干燥又称为冷冻升华干燥。在冷冻干燥中，将要干燥的物质通常要先冷冻到冰点以下，冷冻材料中的水或其他溶剂在真空室中以蒸气的形式升华而除去，这样能最大限度地保持食品的色、香、味、形和营养成分，保证了食品的质量。

王白鸥等探讨了真空冷冻干燥在果蔬中的应用，指出冻干食品避免了传统脱水技术方法带来的变色、变味、营养成分损失大、复水性差等缺陷，具有保持原食品形、色、香、味、营养不变、复水性好、重量轻、可常温贮藏等优点。李志军等研究了真空冷冻干燥技术在水产品加工中的应用，发现真空冷冻干燥食品价格是热风干燥食品的 4～6 倍，是速冻食品价格的 7～8 倍，表明真空冷冻干燥技术在我国水产品加工业中的应用是可行的，前景光明。郭雅翠等阐述了冻干技术的原理、工艺操作，冻干食品的特点及冻干技术在食品工业中的应用，指出了真空冷冻干燥技术在食品加工中的应用范围，包括蔬菜类、水果类、肉禽类、水产品、保健食品、饮料类、食品添加剂等。黄松连等对食品真空冷冻干燥设备进行了相应的探讨。在控制系统的控制要求、控制系统的硬件构成、控制程序的编制等方面介绍了食品真空冷冻干燥设备控制系统设计思路。谢国山等介绍了食品冻干设备的组成及其工作原理，详细探讨了国内外食品冻干设备的开发现状，并提出了食品冻干机发展趋势，包括改进结构、优化设计、降低成本、减少能耗、保证质量、提高性能、开发连续式冻干设备、提高卫生标准。

目前，国内科技工作者已经成功研制出系列真空冷冻干燥设备，为发展我国真空冷冻干燥技术奠定了良好的基础。随着国际市场对冻干食品需求量的不断增加、我国加入世贸组织以及人民生活水平的逐渐提高，冻干食品在国内将具有美好的发展前景，冻干设备也将会有长足的发展。

1.2.4 太阳能干燥

太阳能干燥是指利用太阳辐射能和太阳能干燥装置所进行的干燥作业。应用太阳能干燥食品原料已发展了较长的时间，针对不同的食品原料，国内外已开发出相应的太阳能干燥设备。太阳能干燥设备（系统）是以太阳能利用为主的干燥设备，一般由集热器和干燥室组成，还有其他如风机、泵、辅助加热设备等的辅助设备。

太阳能干燥原理是：利用热能，使固体物料中水分汽化，并扩散到空气中去，是一个传热、传质的过程。被干燥的物料直接吸收太阳能或通过太阳能集热器所加热空气的对流传热，间接地吸收太阳能，物料表面获得热能后，再传至物料内部，水分从物料内部以液态或气态方式扩散，使物料逐步干燥。这种过程得以进行的条件是必须使被干燥的物料表面所产生的水汽的压强大于干燥介质中的水汽的分压，压差愈大，干燥得愈迅速。

我国太阳能干燥利用的实践经验表明，太阳能干燥的社会、经济效益还是相当显著的。太阳能干燥节煤省电，减少环境污染，自然对流的温室型干燥器100%由太阳能供热干燥；强迫通风的温室型干燥器，其风机的耗电量仅占总能量的5%以下；太阳能与常规能源联合供热的干燥器，可节能20%～40%或以上。太阳能干燥的产品干净卫生，且色、香、味好，提高了产品的等级。

申晓曦等以干湿梅为样品，利用小型太阳能连续干燥设备，研究了干湿梅的干燥特性，分析了产品的理化性质和感官品质。结果表明，干燥过程中干燥介质的温湿度与外界环境相比有明显差异，干燥室白天日照时温度会高于环境温度，干燥时间明显缩短，高效且避免了缓苏产品色泽口感品质的不利影响。刘伟涛等介绍了如便携式干燥设备、太阳能辅助干燥设备、太阳能储能干燥设备等适用于食品干燥的太阳能干燥设备的性能及优点，并提出太阳能干燥设备都是向节能和智能化方面发展，并辅助其他形式的设备一起使用，实现干燥设备可连续作业等观点。

总体而言，国内太阳能干燥在食品领域的应用还处于起步阶段，有许多需要完善的地方，实用性、自动化和工业化是主要的发展方向。目前需要研制适用于太阳能干燥装置的重点和难点在于干燥过程中热能的充分利用。我国各地太阳能资源丰富，利用太阳能干燥农副产品的条件良好，它对于提高我国农业生产水平，提高农民的科技应用意识和素质，节省能源和保护环境具有十分深远的意义。

1.2.5 变温压差膨化干燥技术

果蔬变温压差膨化干燥技术是以新鲜果蔬为原料，经过预处理、预干燥等前处理工序后，根据相变和气体的热压效应原理，利用变温压差膨化设备进行的工艺操作。其设备主要由膨化罐和真空罐（真空罐体积是膨化罐的 5～10 倍）组成。果蔬原料经预干燥（至含水率为 15%～50%）后，送入膨化罐，加热使果蔬内部水分蒸发，当罐内压力从常压上升至 0.1～0.2MPa 时，物料也升温至100～120℃，此时产品处于高温受热状态，随后迅速打开泄压阀，与已抽真空的真空罐连通，由于膨化罐内瞬间卸压，使物料内部水分瞬间蒸发，导致果蔬组织迅速膨胀，形成均匀的蜂窝状结构。再在真空状态下加热脱水一段时间，直至含水率≤7%，停止加热，冷却至室温时解除真空，取出产品，即得到膨化果蔬产品。

从膨化过程来看，并非所有的果蔬都可以进行变温压差膨化干燥，只有具备一定条件的果蔬物料才有可能得以顺利进行：①物料内部必须均匀分布可汽化的液体；②物料内部能广泛形成相对密闭的弹性小室，同时，要保证小室内气体增压速度大于气体外泄造成的减压速度，这样才能到达气体增压的需要；③构成气体小室的内壁材料必须具备一定的拉伸成膜性，而且能在固化段蒸汽外溢后迅速干燥，并固化成膨化制品的相对不回缩结构网架；④外界要提供足以完成膨化全过程的能量。

果蔬膨化食品因其绿色天然、口感酥脆、营养丰富，已逐渐成为方便休闲食品的佼佼者。果蔬膨化产品以新鲜水果蔬菜为原料加工而成，与其他谷物类、薯类膨化产品比较，具有以下特点：①天然。果蔬膨化产品基本上都是经过浸糖处理后，直接烘干、膨化制备而成，加工过程无须添加色素或其他添加剂等。②果蔬膨化产品酥脆性佳，口感良好。③最大程度保留了果蔬原有的营养成分以及香气成分。④果蔬膨化产品食用便捷，含水量一般在 7% 以下，易于携带、贮存。

中国果蔬变温压差膨化干燥技术的研究还处于起步阶段。膨化干燥技术研究存在的问题为：研究易脱水品种如苹果的多，研究难脱水品种如高淀粉类的少，结果是在产业化过程中最急需解决的问题解决不了；对膨化干燥果蔬食品一些共同基础性干燥机理着手研究的少，结果往往仅对某些具体的品种有效，但缺乏通用的干燥规律研究，这使中国变温压差膨化干燥业的形势一直不容乐观。针对果蔬原料膨化干燥的共性和特殊性，重视与干燥相关的前沿技术研发，从变温压差膨化干燥的一些共同基础性干燥机理着手研究，得出一些通用的干燥规律，为开发通用性强的干燥设备提供技术基础。

1.2.6 热泵干燥技术

热泵从低温热源吸取热量，使低品位热能转化为高品位热能，可以从自然环境或余热资源吸热从而获得比输入能更多的输出热能。热泵干燥系统由两个子系统组成：制冷剂回路和干燥介质回路。制冷剂回路由蒸发器、冷凝器、压缩机、膨胀阀组成，干燥介质回路主要有干燥室与风机。

热泵干燥系统原理如图1.1所示。热泵是由压缩机、冷凝器、节流阀和蒸发器等组成的循环系统。热泵系统工作时，热泵压缩机做功并利用蒸发器回收低品位热能，在冷凝器中则使之升高为高品位热能。热泵工质在蒸发器内吸收干燥室排出的热空气中的部分余热，蒸发变成蒸气，经压缩机压缩后，进入冷凝器中冷凝，并将热量传给空气。由冷凝器出来的热空气再进入干燥室，对湿物料进行干燥。出干燥室的湿空气经蒸发器将部分显热和潜热传给工质，达到回收余热的目的；同时，湿空气的湿度降至露点析出冷凝水，除去湿空气中的水分。

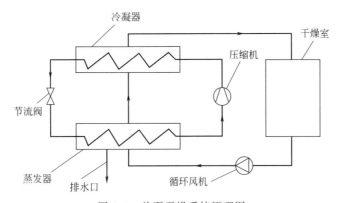

图1.1 热泵干燥系统原理图

热泵中的干燥介质可在干燥器、蒸发器、冷凝器组成的封闭系统中循环使用，有效防止外界空气对干燥室内物料的污染。而且，当被干燥的物料易于氧化时，可采用惰性气体作为干燥介质，实现无氧干燥。由于热泵在封闭的状态下工作，干燥过程中除了冷凝水，没有任何废气、废液排放，利于环境保护。

热泵除湿干燥的本质是对流干燥，干燥过程必然受到物料内部传热与传质的影响。随着干燥时间的增加，物料的含水量下降。在热泵干燥过程的中后期，主要目的是去除物料中的结合水。这部分结合水占总除湿量的比例很小，然而由于干湿界面逐渐向内部退缩，使得空气与干燥物料之间的传质系数变小，除去这些水分不但需要很长的时间而且要消耗较多的能量，并且由于空气与物料之间的传质系数小，致使干燥室进出口空气状态变化较小，影响了蒸发器降温除湿能力。此外，蒸发器吸收水分的显热和潜热有限，热泵系统运行工况变差，干燥效率降低，干燥时间延长。可采用多级或联合干燥模式缩短干燥时间。比如，应用多级蒸发新型热泵干燥装置，以满足不同物料或同种物料在不同干燥阶段的温度要求；采用高频电磁波或远红外辅助的干燥模式，加快物料内吸附水分的快速迁移。此外，可采用新型制冷工质或高效换热器，提高热泵干燥循环的工作温度，提高干燥速率。

虽然热泵可以在一定的温度范围内实现变温运行，但是热泵的性能系数同热泵的蒸发温度和冷凝温度有关。为了获得较高的干燥温度，势必要提高热泵的冷凝温度，但这会使得热泵的性能系数下降，同时导致供热量降低，从而无法满足干燥温度的要求，影响热泵的节能特性。针对这一问题，一方面可采用复合制冷工质，研究开发高温高压制冷压缩机；另一方面，研发新型自动控制系统，将现代检测、传感及控制技术结合起来应用于热泵干燥加工，提高机组的控制精准度。此外，闭式结构热泵干燥机配置的压缩机功率一般较小，每次干燥的物料限于箱体的容纳量，干燥的规模较小。同时由于闭式结构，热泵干燥对物料而言只能采用间歇式工作方式，即从干燥箱中取出干燥完成的产品后，再装入湿物料进行干燥，不能连续作业，难于实现大批量生产。把干燥系统中冷却设备和干燥室采用独立的模块化设计，这样既可以保证热泵各个元件能像模块化的单元一样被灵活拆装，干燥室的大小又可以灵活配置，利于单机处理量的提高。

除少部分耐热性细菌、酵母、霉菌外，大部分微生物细胞在 $60\sim80℃$ 的干燥条件下都会被破坏。常用热泵干燥属低温干燥，尽管目前还没有关于热泵干燥食品所含微生物的数量比普通的对流干燥得到食品的微生物数量多的报道。但是假如干燥设计得不合理，就会带来严重的微生物污染问题。例如，若制冷循环中的制冷量低于干燥箱内空气中水分冷凝时所需的冷量，干燥箱内的相对湿度就会很高从而导致微生物的大量繁殖。可通过优化干燥工艺条件，使水分从被干燥物料内蒸发出来的速率和冷凝器从空气中除去水分的速率基本平衡，维持物料表面的水分活度为临界值 0.6，抑制微生物的生长和繁殖。

干燥的目的是在尽可能快的干燥速率、尽可能小的干燥能耗情况下，获得能最大限度保持原有风味和品质的产品。不同的干燥方法有其不同的优缺点，采用单一的干燥模式往往难以达到理想的干燥效果；而采用组合或者混合干燥模式可以实现优势互补，不同干燥过程的组合具备单一干燥过程不能达到的独特优势。为了寻找一种既快速又经济的热泵和热风混合干燥模式，可以选择先低温热泵干燥后高温热风干燥的混合干燥模式，这样可以快速地把新鲜水果的含水量降至安全水平，有效保持水果的品质。也有学者把热泵和过热蒸汽、过热蒸汽和热空气多级干燥技术应用在鸡肉干燥中，并和单纯过热蒸汽干燥相比较。发现第一阶段采用过热蒸汽，第二阶段采用热泵干燥可以获得具有理想颜色、收缩率和复水率的产品。

丛海花等为了提高干制海参的品质，在热风干燥的基础上，利用热泵-热风组合干燥的方式干燥腌渍海参，对不同干燥方式下海参的干燥特性（干燥特性曲线、收缩系数和产品品质）进行测定，对干燥结束后海参的复水品质（复水倍数、流变学参数、感官评价）与传统的热风干燥进行分析比较。结果表明，组合干燥可以明显提高干燥后海参的复水倍数和复水品质，产品的感官品质好。为了解决脱水蔬菜热泵干燥中后期干燥效率较差的问题，张绪坤等进行了热泵、热风组合干燥实验。结果表明：采用热泵、热风组合干燥装置生产脱水蔬菜，其耗能只有隧道式干燥的74.1%，网带式干燥的84.7%，真空冷冻干燥的9.4%。采用前期热泵除湿干燥与后期热风干燥的组合干燥技术，克服了单一热泵干燥的缺点，降低了能耗，提高了产品质量。季阿敏等利用热泵、热风联合干燥的方法，对大红皮萝卜进行了脱水干燥实验研究。通过对试材质量、送风温度、送风风速和萝卜丁尺寸等单因素变化实验，得出了各因素对干燥速率的影响规律。分别以单位能耗除湿量和产品感官品质为评价指标，对试材热泵热风联合干燥效果进行分析，得出了相应的优化组合方式。

一些新的热泵干燥技术具有较为广阔的应用前景。

（1）惰性气体热泵干燥技术

香味化合物、脂肪酸等物质在干燥过程中易发生氧化反应，导致产品风味、颜色和复水性都变差。热泵除湿干燥技术的一个重要特点就是可以改变干燥介质的成分，尤其适用于敏感性物料的干燥。选择惰性气体代替空气作为干燥介质，物料在干燥过程就不会被氧化，产品质量会得到进一步提高。

（2）联合或多级干燥技术

热泵干燥在低温干燥中有较强的优势，因此可以将热泵与远红外、太阳能、微波、过热蒸汽等方法中的一种或多种干燥方法相结合。在物料的初始干燥阶段采用热泵，充分发挥热泵在低温干燥中除湿快又节能的特点，而在物料干燥的中后期选用其他的方式，从而在物料的整个干燥过程中缩短了干燥时间，达到高效节能的目的。应用多级蒸发新型热泵装置，以满足不同物料或同种物料在不同干燥时段的温度要求。多级蒸发热泵干燥系统可在较大范围内改变干燥系统的温度和相对湿度，并能提高系统的性能系数，节约能耗。

（3）生物质气化热泵干燥技术

能源和环境的双重压力使得可再生清洁能源的开发利用越来越重要。生物质能是地球上重要的可再生能源，具有广阔的发展前景。我国有着丰富的生物质资源，开发和利用生物质能源对于缓解我国能源、环境及生态问题都具有重要的意义。随着科学技术与经济的发展，人们的环保意识和节能意识日益增强。在过去的20年，热泵干燥已发展成为一种成熟的技术，以其优良的除湿效果和节能效益已在农副产品的干燥加工中得到实验研究和实践应用的验证，并且对产品的质量能够保持和有所提高。然而，热泵干燥技术尚未如人们期待的那样，广泛应用于生产过程。初始成本以及运营成本需要进一步减少，干燥等能源密集型操作的能源利用效率是减少净能源消耗的关键，具有成本竞争力的热泵干燥机的设计和制造将会发挥越来越重要的作用。此外，应该赋予新的热泵干燥机除干燥脱水之外更多的功能，比如冷藏、气体调节等。当然，虽然我们已经对热泵和其他多种干燥技术有深入的了解，但多项技术的优化整合仍然是一个具有挑战性的研发任务。

1.3　新型食品干燥技术

1.3.1　冷风干燥

热泵干燥是一种利用热泵除湿原理来除去空气中所含水分、调节空间温度和湿度，从而干燥实验物料的节能干燥实验设备，具有能耗小、可靠性高、操作简便等特点。热泵干燥温度控制在5～40℃时的干燥方式称为热泵式冷风干燥，简称冷风干燥。

任广跃等以新鲜香椿芽为原料对其进行冷风干燥处理，探究不同干燥方式条件下（冷风干燥、真空冷冻干燥、热风干燥），香椿芽叶绿素总含量、复水率及维生素C含量。结果显示，相对于热风干燥而言，冷风干燥产品的品质更接近真空冷冻干燥产品的品质。物料热风干燥过程中，由于其内部水分扩散速率小于表面水分蒸发速率，且热风干燥温度较高，最终导致热量在物料表面过度积累，造成物料表面过热现象发生，严重影响产品品质。薛超轶等以鳗鱼片为原料，研究不同冷风干燥温度对鳗鱼片的水分、蛋白质和脂肪等营养素含量的影响，同时比较不同冷风干燥温度对鳗鱼片硫代巴比妥酸（TBA值）和挥发性盐基氮（TVB-N）值的影响，进一步研究冷风干燥温度对鳗鱼片的硬度与色泽的影响。结果显示：随冷风干燥温度的升高，干燥速率不断加快，鳗鱼片蛋白质和脂肪含量随之增加；TBA值和TVB-N值也不断增大，同时硬度与外表黄度也出现增大现象，但亮度明显降低。结果说明，较低的冷风干燥温度有利于控制鳗鱼片的感官生化品质，研究结果为冷风干燥用于鳗鱼片品质控制提供了理论依据。吴靖娜等以液熏鲍为研究对象，采用冷风干燥技术干制液熏鲍。在单因素试验基础上，通过响应面设计试验，以冷风干燥温度、干燥风速和干燥时间为因素，对干制熏鲍的硬度和弹性变化情况进行研究并建立相关数学模型，确定液熏鲍冷风干燥的加工工艺；同时探讨干制熏鲍的安全指标及保藏性。结果显示，由模型方程确定液熏鲍鱼冷风干燥工艺的最优参数为：温度26℃、风速4m/s、时间23h。经该工艺生产的干制熏鲍，各项指标均符合国家食品安全标准和商业无菌要求，并且具有较好的风味和品质。

1.3.2　微波冷冻干燥

在我国，对流干燥是当前最普遍的干燥方式。然而，在工业上由于干燥时间长以及干燥温度高，常常导致产品颜色变暗、形态收缩、失去风味以及复水能力差等问题的发生。相对于其他干燥方式，冷冻干燥是一种能够对几乎所有的食物都能较好地维持其营养、颜色、结构以及风味物质的一种干燥方式。而且，冷冻干燥还能够为多孔结构的材料提供较好的复水能力。然而，众所周知，冷冻干燥代价十分昂贵，这限制了将其应用于农产品干燥中的发展。

随着干制品需求量的不断上升和消费者对其品质要求的日益提高，迫切需要研究出更加高效的干燥方式。微波是一种电磁波，且已经作为一种热源广泛地应用于食品工业。微波可以穿透物质，即不借助热梯度便可加热产品，相对于传统热风干燥，微波干燥更加迅速、均匀、高效节能。将微波作为冷冻干燥的热源，在真空条件下，微波可以加热容积大的物质，并可大大提高冷冻干燥的速率，这种技术称为微波冷冻干燥（microwave freeze drying，MFD）。近几年，微波冷冻干燥已经作为一种潜在的获取高品质干燥产品的方法被研究出来。MFD 包含了微波干燥和冷冻干燥的所有优点。在 MFD 过程中大部分的水是在一个高真空状态下通过升华的方式去除的，因此能够得到一个同 FD 干燥有着相似品质的干燥产品。此外，微波是一种快速的过程，因此有潜在的提高干燥效率的可能。

Duan 等对比了双孢菇 3 种不同升华干燥方式的干燥效果和干燥效率，结果发现微波冷冻干燥得到的双孢菇干制品的品质与冷冻干燥所得产品相当，但能耗却远低于冷冻干燥。Ren 等研究了双孢菇玻璃化转变温度在微波冷冻干燥中的变化规律，并测定了双孢菇微波冷冻干燥击穿放电发生时的临界微波比功率，发现在整个干燥过程中直到双孢菇含水率低于 20% 时，产品的平均温度才低于玻璃化转变温度，这说明在干燥的大部分时间里双孢菇均处于橡胶态，而且当压强在67Pa 左右时临界微波比功率达到最低值约为 $3\sim4W/g$，当微波系统压强大于100Pa 时随着压强的增大临界微波比功率趋于稳定，但都在 $5.5\sim6W/g$。江昊等以切割香蕉为原料，讨论了利用微波冷冻干燥（MFD）为基础加工高品质果蔬脆片的方法，同时对改善其干燥均匀性的方法做出研究。研究结果表明，MFD不仅提高干燥速率，同时也保持了良好的产品品质。与 FD 相比，MFD 在干燥相同质量样品时能节省 33.8% 的能耗和 40% 的干燥时间。同时研究了在解吸干燥阶段采用不同干燥参数对物料进行处理以达到进一步节能缩时的目的。利用数学手段对能耗进行分析，认为对比单位时间能耗 MFD 并没明显优势，缩短干燥时间是节能的最主要原因。实验也采用多元线性回归模型对干燥能耗进行分析。最后，为了提高 MFD 的干燥均匀性，对现有 MFD 干燥设备进行改进并开发出负压喷动微波冻干设备（PSMFD），建立了依据均方根误差（RMSE）法的干燥均匀性评价方法，利用红外热成像仪分析了 PSMFD 干燥过程中温度分布情况，发现较长的喷动时间和较短的喷动间隔有利于物料温度分布更加均一且热点区域更少。利用 RMSE 法对单块香蕉粒进行分析，结果表明较高的微波强度、较长的喷动间隔以及较短的喷动时间使得物料温度较高且均匀性相对较差。

1.3.3　微波真空干燥

微波真空干燥技术是将微波技术与真空技术相结合的一种新型微波低温干燥技术，它兼备了微波加热及真空干燥的一系列优点，克服了常规真空干燥周期长、效率低的缺点，在一般物料干燥过程中，可比常规方法提高工效 4～10 倍；具有干燥产量高、质量好，加工成本低等优点，由于真空条件下空气对流传热难以进行，只有依靠热传导的方式给物料提供热能。常规真空干燥方法传热速度慢，效率低，并且温度控制难度大。微波加热是一种辐射加热，是微波与物料直接发生作用，使其里外同时被加热，无须通过对流或传导来传递热量，所以加热速度快，干燥效率高，温度控制容易。

吴涛等对黑莓进行微波真空干燥，研究不同微波功率和真空度对黑莓干燥过程中温度的影响，观察样品整个温度场的分布规律。结果表明：黑莓在微波功率为 400W、真空度为 80kPa 的条件下加热 2min 后，热点的温度维持在 60℃左右，温度差异性为 0.27，在样品热点区域加热温度高度一致性的前提下，保证了合适的加热温度，满足黑莓的干燥要求。丁睿以马铃薯为原料，通过改变微波功率、装载量、切片厚度 3 个因数，测得不同条件下马铃薯微波真空干燥的干燥曲线及干燥速率曲线，分析不同因素对干燥时间及干燥速率的影响。对马铃薯微波真空干燥的动力学模型进行了研究。通过对多个薄层物料干燥动力学模型进行比较分析，并运用数据分析软件对实验结果进行拟合，得出了马铃薯微波真空干燥最适合的干燥动力学模型，该模型可较准确地描述水分比随干燥时间的变化规律。

杨晓童等设计了一种集微波干燥与真空干燥于一体的新型装置，将波导和波源冷却装置融为一体，有效地解决了微波分布不均和微波源受热易损坏两大难题。物料室是微波室和真空室的交集，可以使物料既能受到微波辐射，又能处于真空环境中。分层设计的物料盘一方面可以方便拆卸，另一方面可以充分地利用物料室的空间。模块化的冷阱设计使冷阱可以根据干燥的需求自由地装卸，可以有效地提高冷阱的利用效率。该微波真空干燥设备设计巧妙，安全可靠，可以满足高品质物料的干燥加工。

◆参考文献◆

[1] 徐振方，潘澜澜，张国琛. 微波真空干燥技术在食品工业中的应用与展望 [J]. 大连水产学院学报，2004，19（4）：292-296.

[2] 段洁利. 微波干燥食品的现状及其发展前景 [J]. 现代农业装备，2006（6）：36-39.

[3] 郭梅. 食品微波干燥、杀菌技术及其发展 [J]. 天津农学院学报，2003，10（3）：56-58.

[4] 杨存志，杨旭，刘俊杰. 微波干燥设备的性能特点及其市场前景分析 [J]. 农机化研究，2007

（1）：41-42.

［5］潘澜澜，徐振方，张国琛．微波真空干燥试验设备自动化监测系统的研究［J］．包装与食品机械，2004，22（6）：1-3.

［6］任石苟，王娟丽，王以强．微波干燥技术在果蔬干制中的应用［J］．食品工程，2006（2）：17-18.

［7］Wang Y C，Zhang M．Experimental Investigation and Mecha-nism Analysis on Microwave Freeze Drying of Stem Lettuce Cubes in a Circular Conduit［J］．Drying Technology，2012（30）：1377-1386.

［8］赵丽霞．喷雾干燥技术流程及应用［J］．内蒙古水利，2011（3）：148-149.

［9］林松毅，刘静波，马爽．速溶蛋黄粉喷雾干燥工艺优化及其特性［J］．吉林大学学报，2012，42（5）：1336-1342.

［10］李君，刘贺，王雪．扁杏仁水解蛋白的喷雾干燥及其抗氧化活性［J］．食品科学，2012，33（16）：18-23.

［11］黄振仁，廖传华，王永德．奶粉干燥设备的现状及其研究进展［J］．粮油加工与食品机械，2003（3）：55-57.

［12］胡继super．奶粉微波真空喷雾冷冻干燥技术与设备研究［J］．中国乳品工业，2012，40（2）：42-44.

［13］李国庆．喷雾干燥器的改进与应用［J］．现代技术陶瓷，2002（4）：31-32.

［14］黄立新，张彩虹．喷雾干燥在生物质资源加工利用中的研究进展［J］．生物质化学工程，2008，42（5）：46-50.

［15］崔春红，王白鸥．真空冷冻干燥技术在果蔬加工中的应用［J］．果蔬加工，2009（3）：52-53.

［16］李志军，贾忠伟，李八方．真空冷冻干燥技术在水产品加工中的应用［J］．齐鲁渔业，1999，16（4）：43-44.

［17］朱鸣丽，郭雅翠，杜钦生．真空冷冻干燥技术在食品工业中的应用［J］．长春大学学报，2008，18（1）：101-102.

［18］黄松连．对食品真空冷冻干燥设备的探讨［J］．科技促进发展，2010（1）：181.

［19］王立业，谢国山．国内食品真空冷冻干燥机的研究现状和发展趋势［J］．冷饮与速冻食品工业，2003，9（4）：39-42.

［20］宋继林，魏庆瑞．食品真空冷冻干燥技术研究［J］．黑龙江科技信息，2008（34）：34.

［21］关柏鹤．食品真空冷冻干燥技术应用状况与发展前景分析［J］．制冷与速冻食品，2008（2）：24-26.

［22］俞裕明，刘伟涛，李汴生．太阳能干燥设备在食品原料干燥中的应用［J］．食品工业科技，2008，29（10）：203-206.

［23］Baker，C G J．食品工业化干燥［M］．北京：中国轻工业出版社，2003：156-173.

［24］Debolina D，Timothy A G．Combined Crystallization and Drying in a Pilot-Scale Spray Dryer［J］．Drying Technology，2012，30（9）：998-1007.

［25］冯建荣，徐麟，蒋涛．不同太阳能干燥设备处理对杏干品质的影响［J］．保鲜与加工，2012，12（3）：38-40.

［26］刘伟涛，申晓曦，李汴生．太阳能干燥对干湿梅品质的影响［J］．食品工业科技，2011，32（6）：107-110.

［27］Satyanarayan R S．Advancements in Drying Techniques for Food，Fiber［J］．Drying Technology，2012，30（11/12）：1147-1159.

［28］任广跃，刘军雷，刘文超，等．香椿芽热泵式冷风干燥模型及干燥品质［J］．食品科学，2016，37（23）：13-19.

［29］唐秋实，刘学铭，池建伟，等．不同干燥工艺对杏鲍菇品质和挥发性风味成分的影响［J］．食品科

学，2016，37（4）：25-30. DOI：10. 7506/spkx1002-6630-201604005.

[30] 薛超轶，张卿，梁鹏．冷风干燥过程中温度对鳀鱼片品质的影响［J］．食品研究与开发，2016，37
（23）：29-33.

[31] 张天泽，刘建学．基于 Weibull 函数的玉米冷风干燥实验研究［J］．食品工业科技，2016，37
（17）．

[32] 吴靖娜，陈晓婷，位绍红，等．液熏鲍冷风干燥工艺优化及贮藏期的研究［J］．渔业现代化，
2016，43（4）：51-58.

[33] 马先英，赵世明，洪滨，等．冷风及冷风与热风联合干燥海参果的比较研究［J］．大连海洋大学
学报，2015，30（5）：536-539.

[34] Vasiliki P O, Magdalini K K, Vaios T. The influence of freeze drying conditions on microstruc-
tural changes of food products［J］. Procedia Food Science, 2011, 1: 647-654.

[35] Hande A R, Swami S B, Thakor N J. Effect of drying methods and packaging materials on qual-
ity parameters of stored kokum rind［J］. Int J Agric & Biol Eng, 2014, 7（4）: 114-126.

[36] 任广跃，任丽影，张伟，等．正交试验优化怀山药微波辅助真空冷冻干燥工艺［J］．食品科学，
2015，36（12）：12-16.

[37] Wang R, Zhang M, Mujumdar A S. Effect of salt and sucrose content on dielectric properties
and microwave freeze drying behavior of re-structured potato slices［J］. Journal of Food Engi-
neering, 2011, 106（4）: 290-297.

[38] 朱德泉，王继先，钱良存，等．猕猴桃切片微波真空干燥工艺参数的优化［J］．农业工程学报，
2009，25（3）：248-252.

[39] Duan X, Yang X T, Ren G Y, Pang Y Q, Liu Y H. Technical aspects in freeze-drying of
foods. Drying Technology, 2016, 34（11）: 1271-1285.

[40] Duan X, Liu W, Ren G Y. Comparative study on the effects and efficiencies of three
sublimation drying methods for mushrooms［J］. Int J Agric & Biol Eng, 2015, 8（1）: 91-97.

[41] Ren G Y, Zeng F L. The effect of glass transition temperature on the procedure of microwave-
freeze drying of mushrooms（agaricus bisporus）［J］. Drying Technology, 2015, 33（2）:
169-175.

[42] 江昊．切割香蕉的微波冷冻干燥研究［D］．无锡：江南大学，2014.

[43] 周礽，李臻峰，李静．虎杖冷冻、微波及冷冻微波联合干燥工艺研究［J］．食品工业科技，2016，
37（10）：273-278.

[44] 李仪凡．微波冷冻干燥放电击穿研究［D］．北京：中国农业机械化科学研究院，2011.

[45] 闫沙沙，段续，任广跃，等．微波冷冻干燥传热传质模型的研究进展［J］．食品与机械，2015
（1）：244-248.

[46] 陈红意，赵满全，李萍．农产品干燥技术进展研究［C］// 中国农业工程学会 2011 年学术年
会．2011.

[47] 吴涛，宋春芳，孟丽媛，等．黑莓微波真空干燥传热特性［J］．食品与机械，2017，33（4）：
54-60.

[48] 丁睿．马铃薯微波真空干燥动力学及设备能耗的实验研究［D］．哈尔滨：哈尔滨商业大学，2017.

[49] 刘春菊，江宁，严启梅，等．杏鲍菇真空微波干燥工艺［J］．江苏农业科学，2017，45（2）：
169-173.

[50] 杨晓童，段续，任广跃．新型微波真空干燥机设计［J］．食品与机械，2017，33（1）：93-96.

第 2 章　食品冷风干燥技术与调控

2.1　冷风干燥设备

冷风干燥机是利用低温低湿的空气强制循环于食品间，使食品含水量减少并达到干燥的效果。此款冷风干燥机与传统的烘干机相比不用燃煤、燃油，采用电源驱动，更能体现低温、节能环保、高效安全、绿色环保、运行费用低的优点，不需要人工值守。经冷风干燥过的食品不仅能保持产品的原有品质，而且便于包装、贮藏、运输等。

2.1.1　冷风干燥机介绍

（1）工作原理

真空冷冻干燥的第一步就是预冻结。预冻是将溶液中的自由水固化，使干燥后产品与干燥前有相同的形态，防止抽空干燥时起泡、浓缩、收缩和溶质移动等不可逆变化产生，减少因温度下降引起的物质可溶性降低和生命特性的变化。

（2）设备特点

① 根据产品类型可定制加工。

② 节约运行费用，无废气废热排放，无噪声污染，环保、低温、耗能小，自动控制温度，节能无污染，不排废水、废渣，大大改善了生产环境。

③ 接近自然干燥，被干燥物品品质好、色泽好、产品等级高、无污染、节能显著，而且更符合环保卫生要求。

④ 外观设计美观大方，机组占地面积小。

（3）设备优势

① 冷风干燥机具有优化设计高效的除湿系统，脱水量大，效率比较高。

② 冷风干燥机能较好地保持食品的色、香、味及营养价值。

③ 不用燃煤、燃油，采用电源驱动，更能体现低温、节能环保、高效安全、绿色环保、运行费用低的优点，不需要人工值守。经冷风干燥过的食品不仅能保

持产品的原有品质，而且便于包装、贮藏、运输等。

④ 干燥过程中不变形、不开裂、不变色、不变质、不氧化，干燥彻底，干燥后复水性好、营养成分损失少、储存期长，比任何传统干燥设备更能有效地保持干燥产品的色、香、味、个体形态和有效成分。

（4）适应范围

冷风干燥机主要适用于肉制品、水产类及各种农产品的脱水干燥，如腊肉、腊肠、鱼类、海珍品、高蛋白食品、果脯干、药材、各类种子、专用木材等的干燥加工中。

2.1.2　设备结构

冷风干燥装置主要由冷风和干燥器两大系统组成。冷风干燥机组主要由冷风（制冷）系统和空气回路组成。

如图 2.1 所示，满足生产要求的干空气进入干燥室，带走被干燥物体的水分，变为湿空气出来；然后进入蒸发器进行冷却除湿，首先冷却至露点，再进一步冷却使水分从空气中凝结出来，然后进入冷凝器处吸收热量后，变为低温干空气（冷风），再进入干燥室内吸收被干燥物体的水分提高湿度，完成循环。

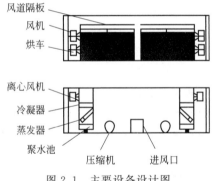

图 2.1　主要设备设计图

制冷剂在蒸发器中吸收来自干燥过程循环风的热量，由液体蒸发为蒸气，经压缩机压缩后送到冷凝器中，在高压下制冷剂冷凝液化，放出高温的冷凝热去加热来自蒸发器的降温去湿的低温干空气，把它加热到要求的温度后进入干燥室内作为干燥介质循环使用，液化后的制冷剂经膨胀阀再次回到蒸发器内。

2.2　香椿芽冷风干燥技术

2.2.1　香椿芽的冷风干燥

香椿芽（toona sinensisa），又名香尖头、香椿尖、香椿头等，香椿树系楝科香椿芽属落叶乔木，是中国特有珍贵速生用材树种，木材素有"中国桃花心木"之称。我国的山东、安徽、河南、陕西、四川及湖南南部和广西北部等地均有种植，香椿树通常在清明前后开始萌芽，早春大量上市。香椿芽因品种不同，可分为红芽香椿芽和青芽香椿芽。红芽为红褐色，口感好，香味浓，是供食用的重要品种；香椿全株具特殊气味，香椿芽是中国传统高级木本蔬菜，富含钙、维生素 C、磷、硫胺素等营养物质，具有消炎、抗菌、抗氧化、抗病毒、抗过敏、消除自由基、调节血脂、软化血管和增强血管张力等功效，现多出口至日本及东南亚国家。

香椿芽营养物质丰富，除了含有丰富的三大基本功能物质以外，镁、钙、钾、维生素 B 等微量元素的含量也是极高的，同时还含有一定的磷、胡萝卜素、铁、维生素 C 等营养物质。另外有研究发现，香椿芽有助于预防慢性疾病，存在抑制致病菌的物质，还含有可降低血糖血脂、有效控制肿瘤的成分，另外还含有非常丰富的多酚类化合物，有抗氧化的功能。

由于香椿芽食用的是顶芽及嫩茎叶，其采收后仍处于旺盛的生理代谢状态下，不利于贮藏运输。香椿芽在常温贮藏，叶片易脱落腐烂；若不采摘保存，谷雨后将逐渐纤维化，致其口感乏味，营养价值将大幅降低，最终失去食用价值。但将新鲜采摘的香椿芽直接贮藏会使香椿芽含有的亚硝酸盐含量大幅上升而腐败变质，所以对香椿芽进行干燥加工对香椿芽的产业化发展具有很强的推动作用。

随着食品干燥加工产业的不断发展，香椿芽的加工已不局限在对香椿芽的腌制，目前除了对香椿芽进行产地短期贮藏保鲜及冷库长期贮藏保鲜外，更多的是对香椿芽中活性成分的提取、进行软包装加工和干燥加工。国内研发的对香椿芽叶中的抗氧化活性物质的提取工艺、香椿芽菜的加工及软包装香椿芽即食品加工工艺已取得了较多的成果。随着我国对农产品采后深加工产业化的重视，果蔬干制理论和技术方法的研究取得可喜成果，许多高新脱水技术及其设备如真空冷冻喷雾、真空冷冻干燥、热泵式冷风干燥、微波干燥、远红外线干燥等应用于果蔬脱水加工业，改善和提高了果蔬干制品的感官性状和营养价值，从而促进了脱水技术产业的发展。

香椿芽的干燥方法主要有自然晾干、热风干燥、热泵干燥、冷风干燥、真空冷冻干燥等。自然晾晒受气候影响较大，过程难以控制，产品均一性较差；热风干燥由于干燥过程温度较高，会引起香椿芽叶中叶绿素、黄酮类化合物和挥发性物质含量的降低，导致其营养成分变化；真空冷冻干燥不仅设备昂贵，而且物料装载量非常有限，不能大规模处理，暂无法用于实际生产；而热泵（冷风）具有能耗小、可靠性高、操作简便等特点，同时克服了热风干燥的缺点，是目前对香椿芽进行干燥的一种新形式。

2.2.1.1　预处理

香椿芽采收期短，集中上市，常温条件下只能放置 2～3d，远不能满足人们对其的常年需求，而采后干燥处理是延长香椿芽供给期的有效途径，干燥前的漂烫工艺是果蔬加工中的关键。新鲜香椿芽中含有大量亚硝酸盐，过多的亚硝酸盐对身体是有害的，用漂烫可以大大降低香椿芽中亚硝酸盐的含量。但热烫过程中，香椿芽组织被破坏，其中水溶性成分或热敏性营养物质例如维生素 C 会受到损失，颜色由绿色变为褐色，质地由脆嫩变为软韧或软烂，导致最终产品的营养品质降低。因此研究漂烫过程中香椿芽亚硝酸盐含量，颜色的变化，叶绿素、维生素 C 的损失，对合理利用香椿芽这一珍贵的木本蔬菜具有重要意义。

下面介绍不同漂烫温度、时间、$Zn(Ac)_2$ 与 EDTA-2Na 混液比的情况下香椿芽中主要成分含量的变化，筛选出香椿芽在降低亚硝酸盐的情况下最大限度地保持其营养成分的预处理方法，为香椿芽的合理膳食综合开发利用提供数据支持。

2.2.1.2 香椿芽护色方案

采摘时挑选外形完整，颜色均匀的香椿芽，使用新鲜香椿芽作为对照，其余分别使用温度 80℃、85℃、90℃、95℃、100℃，在乙酸锌 [$Zn(Ac)_2$] 与乙二胺四乙酸钠（EDTA-2Na）1:1、1:2、2:1 的混合溶液中分别漂烫 30s、60s、90s、120s、150s，然后将各组香椿芽滤干水分，用研钵研成糊浆进行理化指标测量。

$Zn(Ac)_2$、丙酮、EDTA-2Na、草酸、2,6-二氯靛酚钠和碳酸氢钠、无水乙醇、抗坏血酸、氯化钠等试剂均为国产分析纯。

2.2.1.3 亚硝酸盐的测定原理

硝酸盐与对氨基苯磺酸在弱酸条件下重氮化，再与盐酸萘乙二胺偶合形成紫红色的偶氮染料，在 538nm 处会有最大吸收，测其反应式如图 2.2 所示。

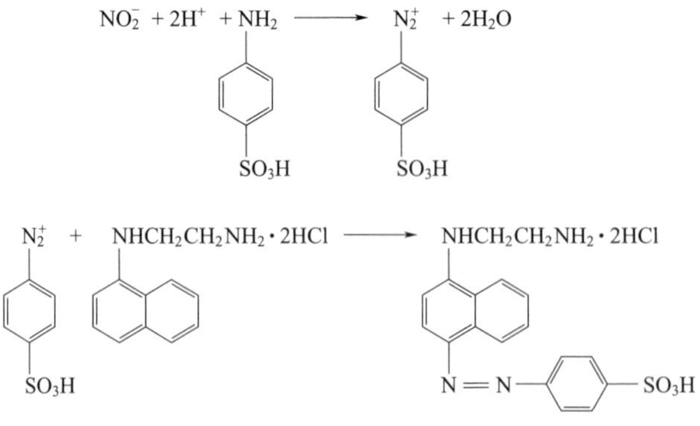

图 2.2 亚硝酸盐化学反应式

标准曲线的绘制。吸取 $5.00\mu g/mL$ 亚硝酸钠标准溶液 0.00mL、0.50mL、

1.00mL、1.50mL、2.00mL、2.50mL、3.00mL、3.50mL、4.00mL、4.50mL、5.00mL 分别置于 50mL 容量瓶中，加入 2.0mL 0.4％对氨基苯磺酸溶液，摇匀，静置 5～10min 后加入 1mL 0.2％盐酸萘乙二胺，并定容至 50mL 刻度，摇匀，于暗处静置 15min 后于 538nm 处测定吸光度，空白溶液留用作对照，并绘制标准曲线。

亚硝酸盐的测定采用盐酸萘乙二胺法。样品加入草酸打浆，称取适量匀浆，加入 10mL 饱和硼砂溶液和 80mL 预热至 70～80℃的去离子水，沸水浴 30min。冷却后依次加入 4mL 0.25mol/L 亚铁氰化钾溶液、4mL 30％硫酸锌溶液、1g 活性炭，定容至 200mL。静置 5min 后过滤，取滤液 10mL，加入 2mL 0.4％对氨基苯磺酸溶液，静置 5min 后再加入 1mL 0.2％盐酸萘乙二胺溶液，用水定容至 50mL。静置 15min，测定反应液在波长 538nm 处的吸光值，外标法定量。

亚硝酸盐标准曲线如图 2.3 所示。

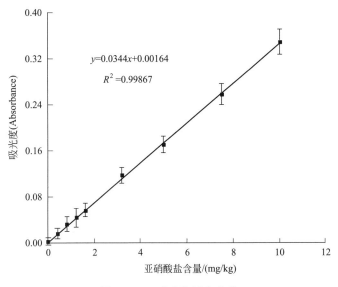

$y=0.0344x+0.00164$

$R^2=0.99867$

图 2.3 亚硝酸盐标准曲线

2.2.1.4 叶绿素含量的测定

利用分光光度计测定香椿芽的叶绿素，准确称量漂烫后的香椿芽泥 200mg，置于 50.0mL 离心管中，加入 50.0mL 80％丙酮与 95％乙醇的混合液（2∶1），在室温下浸泡 12h 后，3000r/min 离心 3min。用移液枪准确移取 150.0μL 上层清液，95％的乙醇定容至 10.0mL 棕色容量瓶中，摇匀后，在 400～800nm 进行光谱扫描，读取 663nm、645nm 处的吸光度，根据经验公式(2.1)～式(2.3)可分别计算出芽叶绿素 a、叶绿素 b 和总叶绿素的含量。

叶绿素 a 含量：　　　$C_a = 12.7A_{663nm} - 2.69A_{645nm}$　　　　　　　　(2.1)

叶绿素 b 含量：　　　$C_b = 22.9A_{645nm} - 4.68A_{663nm}$　　　　　　　　(2.2)

叶绿素总含量：　　　　　　$C_总 = C_a + C_b$　　　　　　　　　　　　(2.3)

2.2.1.5　单因素实验

① 烫漂温度对香椿芽亚硝酸盐、叶绿素的影响。在护色液 Zn(Ac)$_2$ 与 EDTA-2Na 1:1 时（1:1 为每 1kg 水中各 1.5g），按烫漂温度 80℃、85℃、90℃、95℃、100℃ 对香椿芽处理 90s，考察不同温度对香椿芽各项指标的影响。以新鲜香椿芽的指标为空白样，下同。

② 烫漂时间对香椿芽亚硝酸盐、叶绿素的影响。在烫漂温度 90℃、护色剂 1:1mL/g 时，对香椿芽分别烫漂处理 30s、60s、90s、120s、150s，考察不同烫漂时间对香椿芽各项指标的影响。

③ 不同护色剂的比例对香椿芽亚硝酸盐、叶绿素的影响。在烫漂温度 90℃、烫漂时间 90s 时，在不同护色剂分别为 1:1、1:2、1:3、2:1、3:1［护色剂总量为 3g/1kg 水，即 1:1、1:2、1:3、2:1、3:1 分别为每 1kg 水中 Zn(Ac)$_2$ 与 EDTA-2Na 各 1.50g、1.00g 与 2.00g、0.75g 与 2.25g、2.00g 与 1.00g、2.25g 与 0.75g］条件下对香椿芽进行烫漂处理，考察不同护色剂对香椿芽各项指标的影响。

2.2.1.6　响应面优化试验

在单因素试验的基础上，通过使用 Design-Expert 8.05b 软件，根据 Box-Behnken 中心组合原理设计响应面试验方案，建立二次回归数学模型，以影响漂烫效果的 3 个主要因素：温度、时间和液料比为响应变量，分别用 X_1、X_2 和 X_3 来表示，亚硝酸盐 Y_1 和叶绿素 Y_2 为响应值对香椿芽腌制工艺条件参数进行响应面优化，试验因素水平设计见表 2.1。

表 2.1　Box-Behnken 试验设计因素与试验水平

编码水平	X_1	X_2	X_3
	温度/℃	时间/s	料液比
-1	85	60	2:1
0	90	90	1:1
1	95	120	1:2

具体试验结果见表 2.2。Box-Behnken 试验设计共 17 个试验，分为析因试验和零点试验，其中析因点为自变量取值在 X_1、X_2、X_3 所构成的三维顶点，零点为区域的中心点，零点试验重读 5 次，用以估计试验的误差。

2.2.1.7　香椿芽的冷风干燥结果分析

采用 Origin pro 2016（美国 Origin Lab 公司）对试验数据进行线性/非线性拟合，并分析其拟合度；使用 DPS 7.05 对试验数据进行方差分析，试验中显著水平定为 $P < 0.05$。每组试验重复 3 次，取其平均值进行各指标统计分析。

2.2.1.8　漂烫工艺对香椿芽中亚硝酸盐及叶绿素的影响

（1）烫漂温度的影响

由图 2.4 可知，在烫漂时间 90s、混合比 1：1 的条件下，香椿芽中亚硝酸盐和叶绿素含量随烫漂温度的升高而降低，当烫漂温度超过 90℃后，下降趋势明显，烫漂温度 90℃时，亚硝酸盐和叶绿素含量分别为 8.00mg/kg 和 1.13mg/100g；当烫漂温度达到 100℃时，亚硝酸盐和叶绿素含量分别为 6.90mg/kg 和 1.03mg/100g。高温虽然可以进一步减少亚硝酸盐的含量，但高温也导致香椿芽实质地快速软化，基本失去加工特性。综合考虑，选择烫漂温度 85～95℃为优化水平。

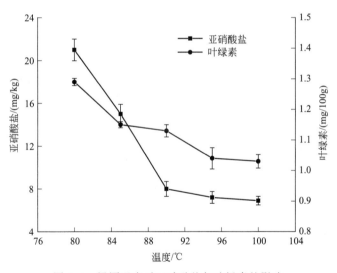

图 2.4　烫漂温度对亚硝酸盐与叶绿素的影响

（2）烫漂时间的影响

由图 2.5 可知，在烫漂温度 90℃的条件下，当烫漂处理 30s 时，香椿芽中亚硝酸盐和叶绿素含量分别为 19.00mg/kg 和 1.40mg/100g；当烫漂处理 90s 时，亚硝酸盐和叶绿素含量分别为 8.00mg/kg 和 1.13mg/100g，分别降低了57.89％和 19.29％；当烫漂处理 120s 时，亚硝酸盐和叶绿素含量分别为6.50mg/kg 和 1.03mg/100g，相对于 30s 处理，分别降低了 65.79％和 26.43％。

随着烫漂时间的延长，香椿芽中所含亚硝酸盐和叶绿素含量下降明显，随着热累积性的增加，香椿芽硬度也快速下降。为了保持香椿芽一定条件下的硬度值，以便维持其加工特性，综合考虑选择烫漂时间 60～120s 为优化水平。

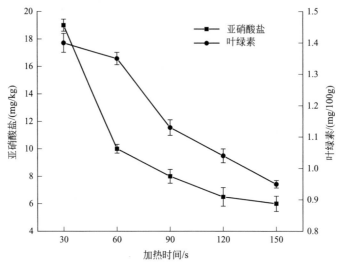

图 2.5　烫漂时间对亚硝酸盐与叶绿素的影响

（3）液料比的影响

由图 2.6 可知，当液料比在（3：1）～（1：3）时，随着料液比中EDTA-2Na的增加，亚硝酸盐含量逐渐降低，叶绿素含量逐渐增高；当液料比为 2：1 时，香椿芽中所含亚硝酸盐 9.60mg/kg，叶绿素含量 0.98mg/100g；当液料比为

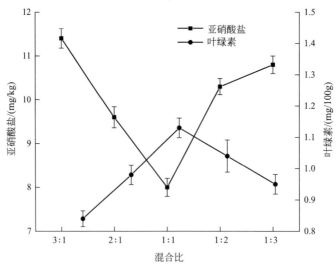

图 2.6　液料混合比对亚硝酸盐与叶绿素的影响

1：1时，香椿芽中所含亚硝酸盐为 8.00mg/kg，叶绿素含量为 1.13mg/100g，亚硝酸盐减少 16.67%，叶绿素含量增加 15.31%。这可能是由于高温烫漂一定质量原料时，需要消耗大量热能，当烫漂液中 EDTA-2Na 相对量少时，体系中热能的损耗大于外界补偿量，造成在相同烫漂温度和时间条件下因热能不足达不到实际效果；而当烫漂液中 EDTA-2Na 体积达到一定容量时，体系内的热能加上外部补充的能量足以维持物料在特定温度和时间期内的烫漂要求。因此，烫漂液中料液比［Zn(Ac)₂ 与 EDTA-2Na］也是影响烫漂效果的重要因素。综合考虑，选择烫漂液料比（2：1）～（1：2）为优化水平。

2.2.1.9 漂烫工艺参数的响应面优化

（1）数学模型的建立与检验

香椿芽亚硝酸盐及叶绿素含量检测结果见表 2.2，采用 Design-Expert 8.05b 软件对所得数据进行回归分析，试验数据的模型拟合结果见表 2.3、表 2.4。由表 2.3、表 2.4 可见得到的两个模型的 R^2 值分别为 0.9940、0.9953，非常接近 1，说明通过二次回归得到的亚硝酸盐及叶绿素含量的模型与试验拟合较好，可靠性高。当"$P_r > F$"值小于 0.05 时，即表示该项指标显著。

表 2.2 Box-Behnken 试验设计因素与试验水平

试验号	因素			亚硝酸盐/(mg/kg)		叶绿素(mg/100g)	
	X_1	X_2	X_3	试验值	预测值	试验值	预测值
1	0	0	0	7.97	7.94	1.06	1.08
2	−1	1	0	10.36	10.33	0.89	0.86
3	1	0	1	7.93	7.68	0.86	0.85
4	−1	−1	0	11.91	11.80	0.49	0.49
5	0	0	0	7.93	7.94	1.08	1.08
6	1	−1	0	8.67	8.70	0.66	0.69
7	0	1	1	8.95	8.80	0.65	0.66
8	0	0	0	7.93	7.94	1.08	1.08
9	0	−1	1	8.74	8.67	0.53	0.52
10	1	0	−1	9.23	9.05	0.81	0.79
11	1	1	0	8.38	8.49	0.83	0.83
12	0	0	0	7.93	7.94	1.09	1.08
13	0	1	−1	8.25	8.32	1.03	1.04
14	0	−1	−1	9.96	10.12	0.68	0.67
15	0	0	0	7.93	7.94	1.07	1.08
16	−1	0	1	10.84	11.03	0.42	0.44
17	−1	0	−1	10.96	10.92	1.01	1.03

利用 Design-Expert 8.05b 软件对表 2.2 中的数据进行回归分析，得出亚硝酸盐残留量与叶绿素含量的回归方程：

$$Y_{亚硝酸盐} = 248.580 - 0.476X_1 - 4.522X_2 - 9.89X_3 + 2.10 \times 10^{-3}X_1X_2 - 9.83 \times 10^{-3}X_1X_3 + 0.096X_2X_3 + 1.476 \times 10^{-3}X_1^2 + 0.023X_2^2 + 0.474X_3^2$$

$$Y_{叶绿素} = -73.89 + 0.056X_1 + 1.563X_2 + 1.013X_3 - 3.83 \times 10^{-3}X_1X_2 + 5.33 \times 10^{-3}X_1X_3 - 0.012X_2X_3 - 1.70 \times 10^{-3}X_1^2 - 8.22 \times 10^{-3}X_2^2 - 0.148X_3^2$$

各项回归系数及其显著性检验结果见表 2.3 和表 2.4。

表 2.3　亚硝酸盐含量方差分析表

方差来源	平方和	自由度	均方	F 值	P_r	显著水平
模型	26.23	9	2.91	128.27	<0.0001	$\alpha = 0.01$
X_1	12.15	1	12.15	534.91	<0.0001	$\alpha = 0.01$
X_2	1.39	1	1.39	61.38	0.0001	$\alpha = 0.01$
X_3	0.47	1	0.47	20.71	0.0026	$\alpha = 0.05$
X_1X_2	0.40	1	0.40	17.47	0.0024	$\alpha = 0.05$
X_1X_3	0.35	1	0.35	15.32	0.0058	不显著
X_2X_3	0.92	1	0.92	40.57	0.0004	$\alpha = 0.01$
X_1^2	7.43	1	7.43	327.1	<0.0001	$\alpha = 0.01$
X_2^2	1.34	1	1.34	58.85	0.0001	$\alpha = 0.01$
X_3^2	0.94	1	0.94	41.55	0.0004	$\alpha = 0.01$
残差	0.16	7	0.16			
失拟项	0.16	3	0.16	164.32	0.2201	
纯误差	$1.28E-003$	4	$3.200E-003$			
总变异	26.39	16				
			$R^2 = 0.9940$	$R^2_{(adj)} = 0.9862$		

由表 2.3 可知，本试验回归模型 $P < 0.0001$，回归系数 $R^2 = 0.9940$、$R^2_{adj} = 0.9862$ 说明该模型显著，能解释 98.62% 响应曲面的变化；失拟项 $P = 0.2201 > 0.05$，失拟不显著，说明该模型预测值与实际数据拟合良好，试验误差小。一次项 X_1、X_2 和二次项 X_2X_3、X_1^2、X_2^2、X_3^2 的 P 值小于 0.001，说明漂烫温度、时间、料液比对亚硝酸盐影响高度显著；其余项的 P 值位于 0.001～0.05，说明对亚硝酸盐影响显著。且由表 2.3 中 F 值可知各因素对亚硝酸盐抑制作用影响大小依次为：温度（X_1）>时间（X_2）>料液比（X_3）。固定其中 1 个因素在最佳水平，得到剩余 2 个因素的交互效应图，如图 2.7 所示。

表 2.4 叶绿素含量方差分析表

方差来源	平方和	自由度	均方	F 值	P_r	显著水平
模型	0.83	9	0.093	166.34	<0.0001	显著
X_1	0.015	1	0.015	27.52	0.0012	$\alpha=0.01$
X_2	0.14	1	0.14	242.98	<0.0001	$\alpha=0.01$
X_3	0.14	1	0.14	257.20	<0.0001	$\alpha=0.01$
X_1X_2	0.013	1	0.013	23.77	0.0018	$\alpha=0.05$
X_1X_3	0.10	1	0.10	184.03	<0.0001	$\alpha=0.01$
X_2X_3	0.013	1	0.013	23.77	0.0018	$\alpha=0.01$
X_1^2	0.099	1	0.099	177.14	<0.0001	$\alpha=0.05$
X_2^2	0.18	1	0.18	319.56	<0.0001	$\alpha=0.01$
X_3^2	0.092	1	0.092	165.75	<0.0001	$\alpha=0.01$
残差	$3.895E-003$	7	$5.564E-004$			
失拟项	$3.375E-003$	3	$1.125E-003$	8.65	0.3042	
纯误差	$5.200E-004$	4	$1.300E-004$			
总变异	0.84	16				

$$R^2=0.9953 \qquad R^2_{(adj)}=0.9894$$

由表 2.4 可知,本试验回归模型 $P<0.0001$,回归系数 $R^2=0.9953$、$R^2_{adj}=0.9894$ 说明该模型显著,能解释 98.94% 响应曲面的变化;失拟项 $P=0.3042>0.05$,失拟不显著,说明该模型预测值与实际数据拟合良好,试验误差小。一次项 X_2、X_3 和二次项 X_1^2、X_2^2、X_3^2 以及交互项 X_1X_3 的 P 值小于 0.001,说明漂烫时间、料液比和漂烫温度与料液比的交互作用对叶绿素影响高度显著;其余项的 P 位于 0.001~0.05,说明对叶绿素影响显著。且由表 2.4 中 F 值可知各因素对叶绿素影响大小依次为:料液比(X_3)>时间(X_2)>温度(X_1)。固定其中 1 个因素在最佳水平,得到剩余 2 个因素的交互效应图,如图 2.8 所示。

(2)漂烫工艺参数的验证

以亚硝酸盐含量为主要考虑对象,由 Design-Expert 8.05b 软件分析计算得到的最佳提取工艺条件:漂烫温度为 91.85℃、漂烫时间 93.82s、液料比 1.68:1。此条件下,回归模型预测的亚硝酸盐含量理论值为 7.822mg/kg,叶绿素含量为 1.124mg/100g。根据实际操作,调整参数为漂烫温度为 92℃、漂烫时间 94s、液料比 1.7:1,该条件下亚硝酸盐含量测量值为 7.904mg/kg,叶绿素为 1.083mg/100g。结果显示实测值与预测值非常接近,与理论值相差分别是 1.05% 和 3.65%,说明采用响应面法得到的优化工艺可行性强,优化结果可靠,能得到具有实际应用价值的香椿芽漂烫工艺流程。

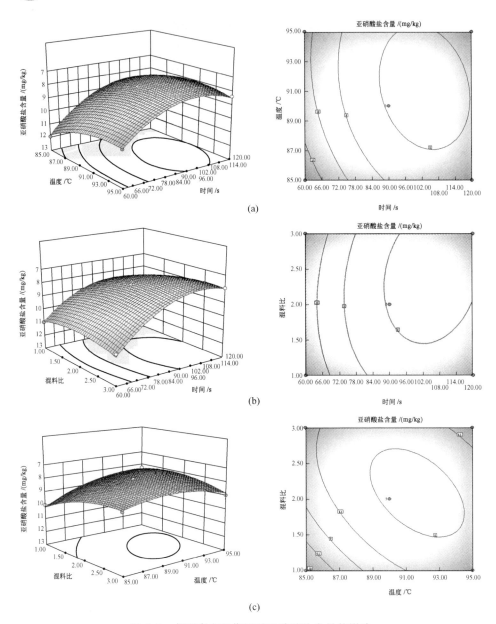

图 2.7 各因素交互作用对亚硝酸盐含量的影响

2.2.1.10 漂烫工艺参数小结

香椿芽亚硝酸盐含量较高，且叶绿素活性较不稳定，在香椿芽干制生产中造成产品的失绿、变褐和亚硝酸盐富集，影响产品的质量，商品价值降低。研究香椿芽的烫漂工艺，可为香椿芽的深加工提供一定的理论指导。烫漂温度、烫漂时

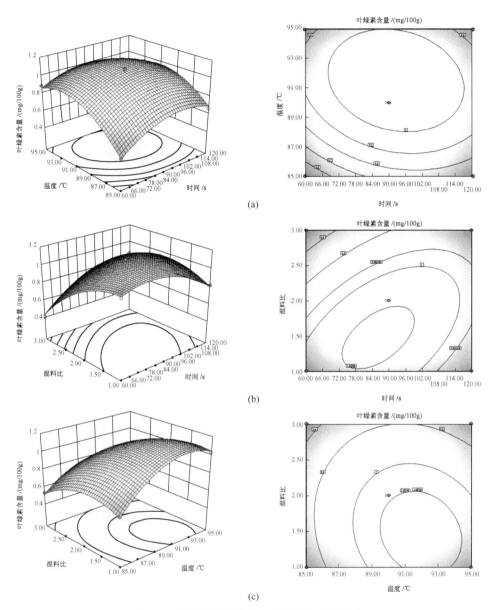

图 2.8　各因素交互作用对叶绿素含量的影响

间和液料比对香椿芽中亚硝酸盐和叶绿素均有不同程度的影响，其中烫漂温度和烫漂时间对亚硝酸盐和叶绿素有非常明显的交互作用。各因素中，以烫漂温度影响最大，其次是烫漂时间和液料比。通过响应面分析法优化，建立了烫漂处理对香椿芽中亚硝酸盐和叶绿素影响的数学回归模型方程。对回归模型进行分析，得出亚硝酸盐和叶绿素最佳烫漂工艺参数并根据实际情况调整为：漂烫温度为

92℃、漂烫时间 94s、液料比 1.7∶1 [Zn(Ac)$_2$ 1.89g，EDTA-2Na 1.11g]。在此条件下得到亚硝酸盐含量为 7.904mg/kg，叶绿素含量为 1.083mg/100g，该数学模型对优化的香椿芽烫漂工艺可行。

2.2.2　香椿芽干燥特性及干燥品质

采用数学模型拟合干燥过程水分变化情况，对研究物料干燥行为，指导工业生产有着重要的意义。虽然常用经验模型能够简单方便地模拟出物料的干燥过程，但缺乏物理意义。Weibull 函数模型具有适用性广、覆盖性强的特点，通过分析 Weibull 函数中的尺度参数（α）和形状参数（β），能够掌握整个干燥过程中的水分迁移机制。

本章研究采用冷风干燥处理高水分香椿芽，利用 Weibull 函数模型对整个干燥过程进行拟合分析，测定了香椿芽冷风干燥过程中的品质指标，并以热风干燥和真空冷冻干燥为对照，对比研究较优冷风干燥参数下香椿芽干制品的品质，以期为冷风干燥在香椿芽干制品工业生产上的应用提供理论参考。

2.2.2.1　试验方法

漂烫后的香椿芽放入蒸馏水冷却池中 [水温为 (5±0.5)℃] 冷却，沥干后均匀平铺于 60cm×60cm 宽带网盖的多孔物料托盘中（每盘放入 500g 香椿芽），置于干燥机内进行各干燥试验。试验过程中每隔 0.5h 将物料托盘取出称重，记录数据后迅速放回继续干燥，直至物料质量不变（前后 2 次称量质量差值小于 0.05g）时停止干燥。各干燥试验设置 2 组平行试验，取 3 组试验的平均值进行统计分析。

（1）干燥过程中物料干基含水率的测定

香椿芽干燥过程中干基含水率计算公式为：

$$M = \frac{m_t - m_d}{m_d} \tag{2.4}$$

式中，m_t 为干燥任意 t 时刻香椿芽的质量，g；m_d 为绝干物质质量，g。

（2）Weibull 函数模型参数计算方法

干燥过程中香椿芽水分比（moisture ratio，MR）计算公式为：

$$MR = \frac{M_t}{M_0} \tag{2.5}$$

式中，M_0、M_t 分别为香椿芽初始干基含水率、在任意干燥 t 时刻的干基含水率，g/g。

在香椿芽各干燥过程中，水分比的变化动力学模型采用 Weibull 函数表示：

$$MR = \exp\left[\left(-\frac{t}{\alpha}\right)^{\beta}\right] \tag{2.6}$$

式中，MR 为水分比；α 为尺度参数，h，约等于干燥过程中物料脱去 63% 水分所需要的时间；β 为形状参数，其值与干燥过程开始时的干燥速率有关，能够反映出干燥过程中水分的扩散机制（当 $\beta > 1$ 时，干燥速率会先升高后降低；当 $0.3 < \beta < 1$ 时，为降速干燥，干燥过程由内部水分扩散控制）；t 为干燥时间，h。

模型函数拟合精度验证采用决定系数 R^2 和离差平方和（χ^2）来表示。R^2 值越大、χ^2 值越小拟合越好。

$$R^2 = 1 - \frac{\sum\limits_{i=1}^{N}\left[\mathrm{MR_{pi}} - \mathrm{MR_i}\right]^2}{\sum\limits_{i=1}^{N}\left[\overline{\mathrm{MR_{pi}}} - \mathrm{MR_i}\right]^2} \qquad (2.7)$$

$$\chi^2 = \frac{\sum\limits_{i=1}^{N}\left[\mathrm{MR_i} - \mathrm{MR_{pi}}\right]^2}{N - n} \qquad (2.8)$$

式中，N 为试验点数；n 为因素水平个数；$\mathrm{MR_i}$ 为实测水分比；$\mathrm{MR_{pi}}$ 为预测水分比。

（3）有效水分扩散系数计算方法

有效水分扩散系数能够清楚地表示出物料干燥过程中传热传质行为的变化情况，其值可由 Fick 第二扩散定律精简式计算得出：

$$\mathrm{MR} = \frac{8}{\pi^2} - \exp\left(\frac{\pi^2 D_{\mathrm{eff}}}{4L^2}t\right) \qquad (2.9)$$

式中，D_{eff} 为有效水分扩散系数，$\mathrm{m^2/s}$；L 为物料厚度的 $1/2$，m；t 为时间，s。

为方便有效水分扩散系数的求解，对式(2.9)两端取自然对数得：

$$\ln\mathrm{MR} = \ln\frac{8}{\pi^2} - \frac{\pi^2 D_{\mathrm{eff}}}{4L^2}t \qquad (2.10)$$

由式(2.10)可以看出，$\ln\mathrm{MR}$ 与 t 呈线性关系，于是可通过对干燥过程中 $\ln\mathrm{MR}$ 与 t 之间的关系进行线性拟合，求出其斜率，从而计算有效水分扩散系数值。

（4）干燥能耗测定

以去除 1kg 物料水分需要消耗的能量来表征香椿芽干燥能耗（kJ/kg）；干燥消耗总能量用电度表测定。

（5）叶绿素含量测定

根据 2.2.1.4 方法测定干燥后整枝香椿芽的叶绿素。修正方法为：准确称量干燥后的香椿芽粉末 200mg，置于 50.0mL 离心管中，其余同 2.2.1.4 中步骤（2）。

（6）维生素 C 含量测定

维生素 C 含量采用 2,6-二氯酚靛酚法测定。称取干燥的香椿芽 5g 于研钵中，加入 5mL、2% 的草酸溶液研磨成匀浆，浆状样品转入 100mL 容量瓶后用 2% 的草酸定容。吸取 10mL 滤液放入 50mL 锥形瓶中，用已标定过的 2,6-二氯靛酚溶液滴定，直至溶液呈粉红色 15s 不褪色为止。同时做空白试验。

维生素 C 含量计算公式为：

$$W_{V_c} = \frac{(V - V_0)TA}{W} \times 100 \qquad (2.11)$$

式中，V 为滴定样液时消耗染料溶液的体积，mL；V_0 为滴定空白时消耗染料溶液的体积，mL；T 为 2,6-二氯酚靛酚染料滴定度，mg/mL；A 为稀释倍数；W 为样品质量，g。

（7）复水率的测定

将不同干燥方式和干燥条件下得到的香椿芽干制品放入水浴锅内，60℃ 水浴 0.5h。水浴加热过程中，不断搅拌以防止样品吸水不充分。水浴结束后，快速将样品放在室温条件下沥干 7min，并用滤纸将样品表面水分擦干。复水率（rehydration ratio，RR）计算公式为：

$$RR = \frac{m_{f1}}{m} \qquad (2.12)$$

式中，m 为样品复水前的质量，g；m_{f1} 为样品复水后的质量，g。

（8）加权综合评分方法

对指标数据进行归一化处理，以使试验数据具有统一性。采用式(2.13)、式(2.14)分别对试验正向指标值（叶绿素含量、维生素 C 含量、复水率）和负向指标值（干燥时间、干燥能耗）进行归一化处理。

$$y_i = \frac{x_i - x_{\min}}{x_{\max} - x_{\min}} \qquad (2.13)$$

$$y_i = \frac{x_{\max} - x_i}{x_{\max} - x_{\min}} \qquad (2.14)$$

式中，y_i 为归一化值；x_i 为指标真实值；$x_{\min}$、$x_{\max}$ 分别为指标最小值和最大值。采用式(2.15)对各指标进行综合评分：

$$K = y_1 l_1 + y_2 l_2 + y_3 l_3 + y_4 l_4 + y_5 l_5 \qquad (2.15)$$

式中，y_1、y_2、y_3、y_4、y_5 分别为干燥时间、干燥能耗、芽叶绿素含量、维生素 C 含量、复水率归一化值；l_1、l_2、l_3、l_4、l_5 分别为其对应的权重，由层次分析法可得 l_1、l_2、l_3、l_4、l_5 对应的值分别为 0.15、0.25、0.20、0.20、0.20。

2.2.2.2 冷风干燥

根据前期探索试验并参考林永茂的蔬菜及食用菌冷风干燥研究，设计如下冷风干燥试验：

① 固定进口风速、装载厚度分别为 2m/s、10.0mm，改变干燥温度为 10℃、20℃、30℃；

② 固定干燥温度、进口风速分别为 20℃、2m/s，改变装载厚度为 3.0mm、4.5mm、15.0mm；

③ 固定干燥温度、装载厚度分别为 20℃、10.0mm，改变进口风速为1m/s、2m/s、3m/s。

冷风干燥装置工作示意图如图 2.9 所示。

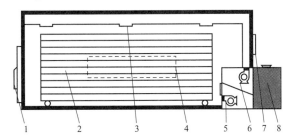

图 2.9 冷风干燥装置工作示意图

1—库门；2—物料架；3—风管风口；4—铺料区域；5—制冷离心风机；
6—烘干离心风机；7—控制面板；8—双系统主机

2.2.2.3 热风干燥

参考张贝贝等的方法，采取最佳干燥工艺进行试验对比，即取 3 组经预处理的香椿芽，每组称量 500g，铺成薄层，在热风干燥温度为 60℃、风速为 1.5m/s 的条件下进行干燥，直至干燥完成。同样各干燥试验设置 2 组平行试验，取 3 组试验的平均值进行统计分析。

参考冯骏等的方法，将盛装预处理后香椿芽的浅盘放入冰箱冷冻室预冻，物料预冻度必须低于制品的共晶点温度（香椿芽的共晶点温度为−8～−12℃）。在制品快到预冻温度时，先开启搁板制冷，当搁板温度低于−35℃时，将装有预冻后香椿芽的浅盘放入干燥箱。开启冷凝器制冷，当冷凝器温度低于−35℃时再启动真空泵对干燥箱抽真空，热偶计指示值为 50Pa 时，关闭冻干箱制冷系统，提供升华热，保持产品在共晶点以下升华干燥，提供足够的相变热，冰升华为水蒸气。升华干燥分为 2 个阶段：第 1 阶段是在制品共晶点温度以下加热，使制品中的水分从固态直接升华为气态，此阶段可除去制品中 95％的水分；第 2 阶段是在制品共晶点以上加热，由于是去除制品的结构水，所以需要更多的热量才能让水分子挣脱制品组织的束缚，于是制品温度逐渐上升。制品温度逐渐接近搁板温度时，表明制品真空冷冻干燥结束，本试验搁板最终加热温度40℃。同样各干燥试验设置2组平行试验，取3组试验的平均值进行统计分析。

2.2.2.4　统计分析

采用 Origin pro 2016（美国 Origin Lab 公司）对试验数据进行线性/非线性拟合，并分析其拟合度；使用 DPS 7.05 对试验数据进行方差分析，试验中显著水平定为 $P<0.05$。每组试验重复3次，取其平均值进行各指标统计分析。

2.2.2.5　香椿芽不同干燥方式对比研究

不同干燥方式下（冷风干燥、真空冷冻干燥、热风干燥），香椿芽叶绿素含量、复水率及维生素C含量结果如图2.10所示（叶绿素、维生素C含量是指干

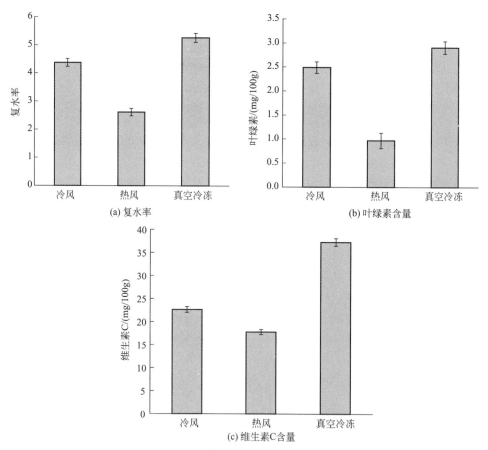

(a) 复水率　　　　　　　　　　　(b) 叶绿素含量

(c) 维生素C含量

图 2.10　不同干燥方式下香椿芽品质指标结果

制品中所占含量）。对比发现，真空冷冻干燥得到的香椿芽干制品的各品质指标值均高于冷风干燥和热风干燥相应各指标值。这是因为真空冷冻干燥过程中，物料大部分时间处于升华干燥状态，而升华干燥比蒸发干燥能够更好地保护产品品质，物料热风干燥过程中，由于其内部水分扩散速率小于表面水分蒸发速率，且热风干燥温度较高，最终导致热量在物料表面过度积累，造成物料表面过热现象发生，严重影响产品品质。真空冷冻干燥香椿芽叶绿素含量、复水率及维生素 C 含量比冷风干燥相应指标值分别增加了 16.86%、20.31% 和 64.87%；比热风干燥相应指标分别增加了 200%、101.14% 和 109.48%，这一现象表明相对于热风干燥而言，冷风干燥产品品质更接近于真空冷冻干燥产品的品质。

2.2.2.6 不同干燥条件对香椿芽冷风干燥特性的影响

由图 2.11 可知，干燥温度、装载厚度及进口风速均对干燥时间有着显著的影响（$P < 0.05$）。当固定装载厚度和进口风速，改变干燥温度为 10℃、20℃、30℃时，香椿芽冷风干燥时间分别为 24h、19h、15h，干燥时间最小值比最大值减少了 37.50%，说明增加干燥温度能够显著缩短干燥耗时（$P < 0.05$），这是因为提升干燥温度能够增大干燥介质与物料之间的温度梯度及蒸汽分压差，强化物料干燥传热传质行为，从而促进水分的扩散及蒸发，提升干燥速率，缩短干燥时间；当固定干燥温度和进口风速，改变装载厚度为 5.0mm、10.0mm、15.0mm 时，香椿芽冷风干燥时间分别为 17h、19h、22h，干燥时间最小值比最大值减少了 22.72%，这表明减小物料装载厚度能够缩短干燥时间，因为减小装载厚度能够缩短干燥介质同物料间的质热传递路径，缩减干燥时间；当固定干燥温度和装载厚度，改变进口风速为 1m/s、2m/s、3m/s 时，香椿芽冷风干燥时间分别为 20h、19h、15h，最小值比最大值减少了 25%，这意味着增加进口风速能够缩短干燥时间，因为增加风速一方面能够扩大物料与干燥介质间的接触面积，强化物料干燥过程中的质热传递，另一方面风速的增加有利于物料表面与空气介质之间的水分交换。通过以上对比分析能够发现，温度对香椿芽冷风干燥时间的影响最大，装载厚度对干燥时间的影响最小。高瑞昌在冷风干燥鲢鱼时得到的不同干燥条件对鲢鱼水分的影响结果，与本研究结果相似。

为进一步深入研究香椿芽冷风干燥行为，采用 Weibull 分布函数对香椿芽冷风干燥过程中水分比随时间的变化规律进行拟合，其结果如表 2.5 所示。由表 2.5 可知，拟合函数的决定系数 R^2 均大于 0.9，且离差平方和 χ^2 均处于 10^{-4} 水平，表现出较好的拟合，说明能够采用 Weibull 分布函数表达香椿芽冷风干燥过程中水分比随时间变化的动力学关系。干燥温度、装载厚度和进口风速对香椿芽冷风干燥的尺度参数 α 均有显著的影响（$P < 0.05$）。随着干燥温度和进口风速的增加，尺度参数 α 在不断减小；然而，随着装载厚度的增加，尺度参数 α 在不

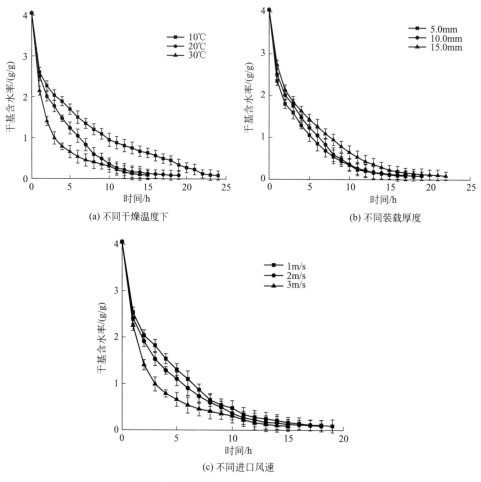

图 2.11　不同干燥条件下香椿芽冷风干燥曲线

断增大。不同干燥温度、装载厚度和进口风速下香椿芽冷风干燥的尺度参数 α 的最大值比最小值分别增加了 95.58%、22.67% 和 41.20%，表明不同干燥条件对尺度参数的影响由大到小为温度＞风速＞装载厚度，即物料除去 63% 水分所消耗的时间受干燥温度的影响最大，受装载厚度的影响最小。Weibull 分布函数形状参数 β 能够解释干燥过程中物料水分的迁徙机理，由表 2.5 可得不同干燥条件下香椿芽形状参数 β 值均小于 1，这说明香椿芽冷风干燥过程为降速干燥。物料干燥过程中水分先由物料内部迁移至物料表面，再由物料表面蒸发至干燥环境，不同干燥条件下香椿芽形状参数 β 值表明，香椿芽冷风干燥过程中物料内部水分扩散速率小于物料表面水分蒸发速率，整个干燥过程主要受内部水分扩散控制，且由于物料干燥过程中含水率不断降低，物料内外水势差也在不断地减小，物料内部水分扩散至表面的速率也随之降低，整个干燥处于降速干燥阶段。方差分析发现，不同干燥温度、装载厚度和进口风速下香椿芽形状参数 β 值的变化不显著（$P > 0.05$），表明香椿芽冷风干燥过程中的水分迁移机制不会随冷风干燥条件的改变而变化。

表 2.5　不同干燥条件下香椿芽冷风干燥有效水分扩散系数及
Weibull 分布函数拟合参数、精度

干燥条件		D_{eff} /($\times 10^9 \text{m}^2/\text{s}$)	Weibull 分布函数拟合参数、精度			
			α	β	R^2	$\chi^2/(\times 10^{-4})$
2m/s 10.0mm	10℃	6.272	8.631	0.832	0.995	9.010
	20℃	8.553	5.922	0.856	0.984	8.333
	30℃	9.637	4.413	0.807	0.991	9.354
20℃ 2m/s	5.0mm	9.045	4.892	0.851	0.905	8.690
	4.5mm	8.533	5.922	0.856	0.998	7.691
	15.0mm	7.963	6.001	0.791	0.995	6.868
20℃ 10.0mm	1.0m/s	6.629	6.200	0.854	0.981	9.024
	2.0m/s	8.553	5.922	0.856	0.927	9.232
	3.0m/s	8.967	4.391	0.813	0.951	9.977

有效水分扩散系数是表征干燥过程中物料干燥特性的重要参数。由 Weibull 分布函数分析过程可知，香椿芽冷风干燥始终处于降速干燥阶段，因此能够采用 Fick 第二扩散定律计算其干燥过程中的有效水分扩散系数。图 2.12 给出了不同干燥条件下物料水分比的自然对数同干燥时间的变化规律，结合图 2.12 和式（2.7）可得到香椿芽冷风干燥过程中的有效水分扩散系数，其结果见表 2.5。由表 2.5 可知不同干燥条件下，香椿芽冷风干燥有效水分扩散系数在 (6.272～9.637)$\times 10^{-9} \text{m}^2/\text{s}$，均属于 10^{-9} 数量级，这符合一般食品原料干燥有效水分扩散系数 10^{-12}～$10^{-8} \text{m}^2/\text{s}$ 的范围。香椿芽冷风干燥过程中，随着干燥温度的升高，干燥过程中热效应在不断加强，对物料内部水分的扩散以及物料表面水分蒸发的促进作用增强，最终导致物料干燥过程中有效水分扩散系数的提高。这一结果同巨浩羽对胡萝卜片降湿热风干燥的结果一致。相反的，随着物料堆积厚度的增加，香椿芽有效水分扩散系数在不断地降低，因为物料堆积厚度增加，阻碍了热能向物料内部的传递，增加了被遮挡部分物料水分蒸发的阻力。增大进口风速能够加快物料同干燥环境之间的湿热交换速率，从而增加物料内外水势差和温度差，促进物料水分迁移，提高物料有效水分扩散系数。进一步对比分析表 2.5 中不同干燥条件下香椿芽冷风干燥有效水分扩散系数发现，不同温度、装载厚度、进口风速下香椿芽有效水分扩散系数（D_{eff}）的最大值比最小值分别增加了 53.65%、13.59% 和 35.27%，结合方差分析可知，温度和风速对香椿芽冷风干

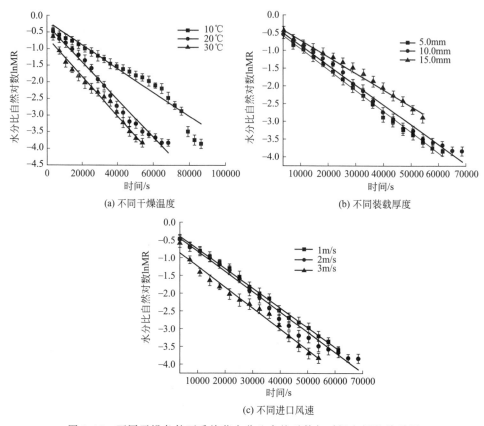

图 2.12　不同干燥条件下香椿芽水分比自然对数与时间之间的关系图

燥过程中有效水分扩散系数影响显著（$P < 0.05$），不同干燥条件对有效水分扩散系数的影响大小遵循温度＞风速＞装载厚度的影响规律。

2.2.2.7　不同干燥条件对香椿芽冷风干燥品质特性的影响

由表 2.6 可知，固定进口风速和装载厚度，不同干燥温度下香椿芽干制品叶绿素含量随温度的升高而增加，最大值比最小值增加了 7.36％。李湘利等在研究热风与微波及其联合干燥对香椿芽品质的影响时发现，随着干燥温度的增加，叶绿素含量在不断降低，与本研究结果相反；这是因为，叶绿素分解受温度和降解时长两方面因素影响，冷风干燥温度相对于热风干燥较低，降解时长成为控制叶绿素含量的主要因素，随着干燥温度的升高，干燥时间逐渐缩短，叶绿素分解时间也随之缩短，从而其含量随着干燥温度的升高而增加。同理，增加物料装载厚度和降低进口风速会延长香椿芽干燥耗时，从而导致叶绿素分解量增加，含量降低。不同物料装载厚度和进口风速下香椿芽叶绿素含量最高值比最低值分别增加了 8.26% 和 14.02%。由以上分析能够发现，在试验采用的干燥条件范围下，不同干燥条件对香椿芽干制品叶绿素含量影响遵循风速＞装载厚度＞干燥温度的规律。

表 2.6　冷风干燥温度对香椿芽品质的影响

干燥条件		干燥时间/h	干燥能耗/(kJ/kg)	叶绿素含量/(mg/100g)	维生素 C 含量/(mg/100g)	复水率	综合评分
2m/s 4.5mm	10℃	24	95040±840[c]	2.31±0.024[b]	22.54±0.043[a]	4.93±0.042[a]	0.25±0.032[c]
	20℃	19	75240±760[b]	2.46±0.029[a]	21.72±0.035[a]	4.74±0.015[a]	0.30±0.035[a]
	30℃	15	63360±640[a]	2.48±0.033[a]	20.04±0.038[b]	3.41±0.031[c]	0.33±0.027[a]
20℃ 2m/s	3.0mm	17	65340±660[a]	2.49±0.051[a]	22.63±0.019[a]	4.38±0.044[b]	0.40±0.027[b]
	4.5mm	19	75240±760[b]	2.46±0.029[b]	21.72±0.035[b]	4.74±0.015[b]	0.30±0.035[b]
	6.0mm	22	95040±1040[b]	2.30±0.024[b]	19.35±0.022[c]	4.80±0.023[a]	0.17±0.032[c]
20℃ 10.0mm	1.0m/s	20	83160±950[c]	2.21±0.019[c]	19.20±0.031[d]	4.83±0.036[a]	0.26±0.027[b]
	2.0m/s	19	75240±760[c]	2.46±0.029[b]	21.72±0.035[c]	4.74±0.015[b]	0.30±0.035[a]
	3.0m/s	15	67320±700[a]	2.52±0.043[b]	22.42±0.038[b]	4.19±0.035[d]	0.31±0.028[a]

注：不同字母 a、b、c、d 表示不同干燥条件下差异显著（$P<0.05$）。

由表 2.6 中不同干燥条件下香椿芽维生素 C 含量变化情况能够发现随着干燥温度的提升，香椿芽维生素 C 含量在不断地减少，维生素 C 含量最高值比最低值增加了 12.48%，这是因为维生素 C 为热敏性营养成分，随着温度提升，维生素 C 降解加快。固定干燥温度，随着物料装载厚度的增加和进口风速的减小，香椿芽维生素 C 含量不断降低，因为增加物料装载厚度以及减小进口风速延长了香椿芽冷风干燥耗时，维生素 C 降解时间也随之延长，从而含量降低；不同装载厚度和进口风速下维生素 C 含量的最大值比最小值分别增加了 16.95% 和 16.77%。对比不同干燥条件对维生素 C 含量的影响发现，在试验采用的干燥条件范围下温度对其的影响程度最小，装载厚度和进口风速对其的影响程度大致相同。

干制品复水率是反映物料干燥过程中结构破坏程度大小的重要指标，由表 2.6 可知不同温度、装载厚度及进口风速下香椿芽复水率最大值比最小值分别增加了 44.54%、9.59%、16.11%，在试验采用的干燥条件范围下其影响程度大小遵循干燥温度＞风速＞装载厚度规律，与不同干燥条件对香椿芽冷风干燥有效水分扩散系数的影响规律一致。物料干燥过程中内部结构的破坏主要是由水分迁移形成的剪切应力引起的，干燥速率越快，产生的应力就越大，破坏程度就越高，因此香椿芽复水率受干燥温度影响最大。以干燥时间、干燥能耗、叶绿素含量、维生素 C 含量以及复水率为指标对不同条件下香椿芽冷风干燥过程进行加权综合评价，结果如表 2.6 所示。由表 2.6 能够发现，干燥温度、装载厚度和进口风速分别为 20℃、5.0mm，2m/s 条件下香椿芽叶冷风干燥的综合评分值最高为 0.40，试验范围下，该条件较适合应用于香椿芽叶的冷风干燥中。

2.2.2.8　香椿芽冷风干燥小结

通过香椿芽冷风干燥研究可知，干燥温度、物料堆积厚度和进口风速对干燥耗时均有显著影响（$P < 0.05$），提升干燥温度和进口风速以及减少物料堆积厚度能够减少香椿芽冷风干燥耗时。Weibull 分布函数能够准确拟合干燥过程中香椿芽水分随时间的变化规律，香椿芽冷风干燥过程为降速干燥，干燥速率主要受内部水分扩散控制。利用 Fick 第二定律计算得到的香椿芽冷风干燥有效水分扩散系数在（6.272～9.637）×10^{-9} m²/s，均属于 10^{-9} 数量级。当干燥温度、装载厚度和进口风速分别为 20℃、5.0mm、2m/s 时，香椿芽叶冷风干燥的综合评分值最高，试验范围下，该条件较适合应用于香椿芽叶的冷风干燥中。通过与热风干燥和真空冷冻干燥对比发现，较优冷风干燥条件下得到的香椿芽干制品品质高于热风干燥得到的香椿芽产品品质，接近于真空冷冻干燥得到的香椿芽干制品品质。

2.3　香椿芽冷风干燥工艺调控

2.3.1　香椿芽热泵式冷风及热风联合干燥

单一的干燥方式或因干燥成本高，或因干燥时间长、干燥质量差，很难实现果蔬高效、高质量干燥的兼顾。而热泵式冷风干燥和热风干燥本质上都是空气对流干燥，由于热泵干燥是一个封闭的系统，能够节能，更加卫生、环保。而热泵在干燥的后期由于物料蒸发出来的水分较少，就造成可供热泵重新利用的水蒸气变少，也就致使供热泵重新利用的能量变少，热泵工况的运行状态变差，需要电加热辅助干燥，这样能耗除了电加热外还有压缩机消耗的能耗，从而热泵的优势不能充分地显示和利用。综上所述，热泵干燥应置于干燥前期阶段，在这个阶段热泵的优势才能充分发挥。所以本节在 2.2 节的基础上采用前期热泵、后期热风的分阶段联合干燥，通过试验研究分析寻求该组合方式下得出其最佳组合方式的操作条件及最佳水分转化点。

2.3.1.1　试验方法

（1）试验工艺流程

为了得到冷风和热风最佳的联合干燥工艺，前期冷风干燥采用 2.1.1 节所得最佳参数进行，联合干燥主要探索分阶段干燥的水分转换点，后期热风干燥阶段温度、风速的影响，以维生素 C、叶绿素和复水率三者的综合指标 Y^* 为最终指

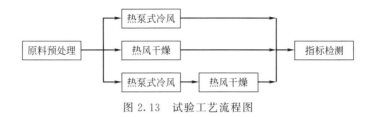

图 2.13 试验工艺流程图

标（图 2.13）。

（2）绘制冷风干燥的干燥速率曲线图

分析干冷风干燥速率开始减缓的时间段，并以此为参考选择联合干燥的干燥拐点（分析得出样品含水率为 40%～50%）。

（3）后阶段干燥工艺方法

冷风干燥至样品含水率分别为 40%、45%、50% 时，转移至温度已达 40℃、50℃、60℃，风速已达 3m/s、4m/s、5m/s 的热风干燥箱，定点测量重量。

2.3.1.2 试验因素的确定

本试验采用前阶段热泵式冷风干燥和后阶段热风干燥的试验方法。在试验过程中，选用三因素三水平（即转化点含水率分别为 40%、45%、50%，干燥后阶段热风温度分别为 50℃、55℃、60℃，风速分别为 3m/s、4m/s、5m/s）为试验因素进行考察，做 $L_9(3^4)$ 正交试验（第四列为空列）。热泵热风联合干燥参数表和试验安排见表 2.7、表 2.8。

表 2.7 热泵热风联合干燥参数表

水平	因子		
	转换点含水率 A/%	热风温度 B/%	热风风速 C/(m/s)
1	40	50	2
2	45	55	3
3	50	60	4

表 2.8 热泵热风联合干燥试验设计

试验号	因子			
	转换点含水率 A/%	热风温度 B/%	热风风速 C/(m/s)	空列 D
1	1	1	1	1
2	1	2	2	2
3	1	3	3	3
4	2	1	2	3

续表

试验号	因子			
	转换点含水率 A/%	热风温度 B/%	热风风速 C/(m/s)	空列 D
5	2	2	3	1
6	2	3	1	2
7	3	1	3	2
8	3	2	1	3
9	3	3	2	1

2.3.1.3　冷风与热风干燥特性分析

图 2.14 为香椿芽冷风与热风干燥速率曲线图。热风干燥条件是：温度 50℃、55℃、60℃，干燥室空气流速 4m/s。热风干燥过程中整体的干燥速率明显高于冷风干燥，但冷风干燥前期（1～4h）物料的失水速率与热风干燥相差并不大，第 3h 时冷风干燥物料含水率为 50%，仅比热风 50℃、55℃、60℃ 的含水率 45%、42%、40% 多 11.11%、19.05%、25.00%，而后期的失水速率却非常缓慢，由图可知，物料冷风干燥 22h 才达到 50℃、55℃、60℃ 热风干燥 8h、7h、6h 的水平。这是因为冷风干燥前期，当冷空气通过湿物料表面时，以对流方式将热量传递给香椿芽，香椿芽接受热量后所去除的主要是附着于表面及茎叶毛细管中的水分，为所有自由水和部分较易去除的结合水。随着干燥过程的进行，后期香椿芽的含水量逐渐降低，湿度梯度逐渐减小，并且由于毛细管早期快速失去

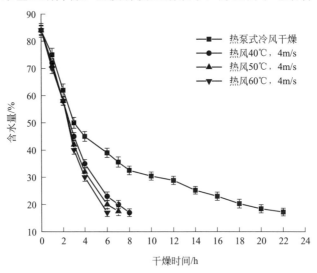

图 2.14　香椿芽热泵式冷风与热风干燥速率曲线

部分水分，引起其孔径收缩或完全消失，造成传质阻力增加，使干燥速率开始下降。热泵干燥时物料水分降低到40%后，干湿界面向物料中心退缩，外部干区的热导率低，热量难以传递到干湿界面供水分汽化，整个干燥过程受干区部位热传导的控制，含水率继续下降需要更长时间，由图可知物料含水率从84.0%降低到40%需要6h左右，但从40%降到18%需要16h，这就是热泵干燥特点，后期干燥速率慢。热风干燥速率虽然快，从84.0%降低到40%需要2h左右，但其产品色泽、复水性等质量较差。如果采用单一热泵干燥方式，为了达到脱水蔬菜要求的水分含量，干燥时长将超过10h，就会导致加工耗能太高，产量下降，加工成本升高。而且在热泵干燥温度下，长时间干燥造成微生物大量繁殖以及产品中营养成分和色素等化学组分发生氧化反应，产品品质同样下降。

2.3.1.4　冷风与热风干燥组合的确定

通过前面分别对冷风与热风两种干燥方式的干燥特性的比较可看出：冷风干燥时间长，造成产量下降；但热风干燥对产品的品质影响大，产品质量差，故不适于干燥像果蔬类的热敏性物料。采用冷风与热风分阶段联合干燥的方式可克服以上两种干燥方式的缺点，可以达到既缩短干燥时间又降低成本的目的。

采用 $L_9(3^4)$ 正交试验方法进行工艺优化，各试验的指标及加权综合评分值详情见表2.9。具体试验因素、水平及结果见表2.10、表2.11。

表 2.9　正交试验结果原始指标值、评分值和加权综合评分值

试验号	原始值			评分值			加权综合评分值 y^*
	维生素 C y'_1	叶绿素 y'_2	复水率 y'_3	维生素C y'_1	叶绿素 y'_2	复水率 y'_3	
1	22.40 ± 0.54^c	2.32 ± 0.024^a	4.32 ± 0.044^c	100.00	93.62	73.63	88.90
2	21.86 ± 0.68^c	2.37 ± 0.027^a	4.11 ± 0.035^b	86.01	89.36	50.55	77.05
3	20.43 ± 0.45^b	2.30 ± 0.021^a	4.59 ± 0.041^c	48.96	82.98	100.00	81.28
4	21.14 ± 0.55^b	2.02 ± 0.022^a	3.91 ± 0.035^b	67.36	51.06	28.57	47.57
5	21.05 ± 0.51^b	2.25 ± 0.016^a	4.05 ± 0.041^c	65.03	78.72	43.96	65.55
6	19.32 ± 0.47^b	2.25 ± 0.018^a	3.65 ± 0.038^b	23.32	78.72	32.97	53.92
7	20.85 ± 0.68^c	2.41 ± 0.016^a	3.98 ± 0.032^b	59.84	100.00	36.26	72.85
8	18.44 ± 0.47^b	2.06 ± 0.022^b	3.77 ± 0.024^a	20.21	55.32	13.19	35.66
9	17.54 ± 0.49^b	1.98 ± 0.019^a	3.55 ± 0.019^a	0.00	0.00	0.00	0.00

注：不同字母 a、b、c 表示不同干燥条件下差异显著（$P<0.05$）。

表 2.10　正交试验因素、水平及结果

试验号	因子				综合评分 y*		
	转换点含水率 A/%	热风温度 B/℃	热风风速 C/(m/s)	空列 D			
1	1	1	1	1	85.80	88.90	92.60
2	1	2	2	2	74.55	77.05	79.55
3	1	3	3	3	78.48	81.28	84.08
4	2	1	2	3	45.87	47.57	49.27
5	2	2	3	1	63.15	65.55	67.95
6	2	3	1	2	51.32	53.92	56.52
7	3	1	3	2	70.65	72.85	75.05
8	3	2	1	3	34.06	35.66	37.26
9	3	3	2	1	0	0	0
K_1	742.59	628.86	536.34	464.25			
K_2	501.12	534.78	373.86	611.46			
K_3	325.53	405.6	659.04	493.53			
k_1	82.51	69.87	59.59	51.58			
k_2	55.68	59.42	41.54	67.94			
k_3	36.17	45.07	73.23	54.84			
R	46.34	24.81	31.69	16.36			
较优水平	A1	B1	C3				
因素主次	$A>C>B$						

表 2.11　正交试验结果的方差分析表

方差来源	SS	f	MS	F	显著性水平
因素 A	9743.65	2	4871.83	904.80	$\alpha=0.01$
因素 B	2791.98	2	1395.99	259.26	$\alpha=0.01$
因素 C	4547.51	2	2273.75	422.28	$\alpha=0.01$
误差	96.92	2	48.46		
总和 T	18529.53	8			

从表 2.9 见，试验 1（含水率转换点为 40%，热风温度 50℃，热风风速 3m/s），综合评定值为 88.9，要明显高于其他各组试验值，此条件下维生素 C 保有量最高，为 22.40。试验 7（含水率转换点为 60%，热风温度 50℃，热风风速 5m/s），综合评定值为 72.85，与试验 1 结果相差较大，但叶绿素含量保有率

最高，为 2.41，相较试验 1 高出 3.88%，该两组试验热风温度相同，说明是水分转换点与风速造成叶绿素差异；与试验 1 比较维生素 C 含量减少 6.90%，复水率降低 7.87%，表明水分转换点或者风速的提高对维生素 C 和复水率有不利影响。通过对比试验 3 和试验 1 发现，由于温度和风速的提高得到试验 3 的复水率最高，高出 6.25%；维生素 C 和叶绿素降低 8.79% 和 0.86%。原因可能是香椿芽进行热风干燥处理后，会破坏热敏性营养物质如维生素 C 的含量，而且较高的温度会使物料颜色有一定程度的褐变，造成叶绿素含量减低。

由表 2.10 极差分析可知，各因素对维生素 C、叶绿素和复水率三者的综合指标 y^* 影响的大小依次为 $A>C>B$，即含水率转换点影响最大，为 46.34，这说明前期冷风干燥时长对综合指标影响最大；其次是热风风速，最后是热风温度，分别为 31.69 和 24.81。试验范围内热风温度相对影响最小，这从热风的干燥曲线上即可看出，50℃、55℃、60℃ 的热风干燥过程在前 4h 的失水率变化差别不大（见图 2.14）。由极差分析可得因素优水平组合为 $A_1B_1C_3$，即联合干燥后阶段最佳工艺条件为：含水率转换点为 40%，热风温度 50℃，热风风速 5m/s。通过表 2.11 方差分析可知，水分转换点、热风温度、热风风速对综合指标的影响都特别显著。在此干燥工艺下进行 3 组平行实验，结果如表 2.12 所示，由表中数据可看出干燥后样品各项指标较表 2.9 普遍增高且稳定，说明该组合合适有效。

表 2.12　验证试验数据

平行试验	维生素 C/(mg/100g)	叶绿素/(mg/100g)	复水率
1	21.30±0.24[b]	2.16±0.018[b]	4.02±0.021[a]
2	21.19±0.61[c]	2.11±0.019[c]	3.91±0.051[c]
3	21.05±0.55[c]	2.14±0.018[b]	3.95±0.028[b]

注：不同字母 a、b、c 表示不同干燥条件下差异显著（$P<0.05$）。

2.3.1.5　联合干燥与单独干燥指标对比

为了说明干燥方式对产品质量影响，本试验选用维生素 C、叶绿素复水率和能耗进行对比试验，试验结果如图 2.15 所示。

对比不同干燥方式下（冷风干燥、热风干燥、联合干燥），香椿芽叶绿素含量、复水率、维生素 C 含量及能耗发现，联合干燥得到的香椿芽干制品的各品质指标值仅仅均略低于冷风干燥，而时间从冷风干燥的 23h，缩短到 7h，能耗则低出 23.44%；联合干燥各指标值均远远高于热风干燥（温度 50℃，风速 4m/s 条件下），能耗仅是热风干燥的 52.63%，这是因为，冷风干燥机的加热机理、功耗远远低于热风干燥机。联合干燥香椿芽叶绿素含量、复水率及维生素 C 含量比冷风干燥相应指标值分别减少了 2.34%、14.46% 和 9.82%；比热风干燥相

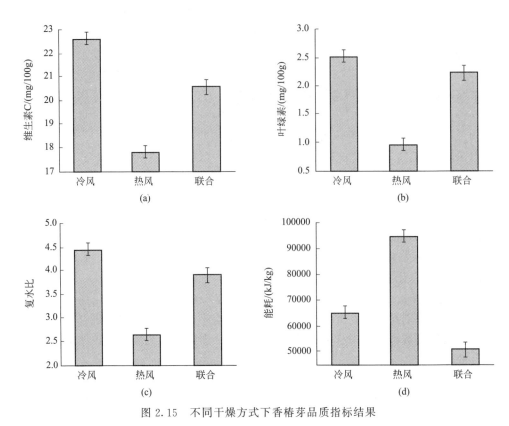

图 2.15　不同干燥方式下香椿芽品质指标结果

应指标分别增加了 24.09%、119.59% 和 50.76%，这一现象表明联合干燥的产品品质接近冷风干燥产品且能耗更低。

2.3.1.6　联合干燥小结

冷风干燥前期物料的失水速率较快，而后期的失水速率却非常缓慢。联合干燥与冷风干燥相比，大大缩短了干燥时间，且干燥产品品质得到较好保留，故采用前期冷风、后期热泵的联合干燥方法。联合干燥后阶段最佳工艺条件为：含水率转换点为 40%，热风温度 50℃，热风风速 5m/s，即冷风干燥 4h 后转为热风干燥 3h。结合两种干燥方法之长的热泵式冷风＋热风组合干燥法，不仅可显著缩短干燥时间，减少能耗，而且重要营养物保留率上也比传统热风干燥有明显提高，并接近冷风干燥产品。

2.3.2　联合干燥热风阶段缓苏处理对香椿芽品质的影响

本研究根据整枝香椿芽的结构及加工工艺特点，把干制工艺中的缓苏处理引入香椿芽干制中，选择能充分发挥缓苏作用的重要因素缓苏起始含水率、时间长度和频率为试验点，研究其对香椿芽干制品品质的影响。

2.3.2.1 试验方法

本试验将探讨缓苏初始水分含量、缓苏时间对整枝香椿芽干燥特性和干燥后样品品质的影响，以模糊数学综合评定法来判断消费者对经缓苏处理后的香椿芽的接受程度。

2.3.2.2 初始水分含量对香椿芽干燥特性的影响

在联合干燥热风阶段，不同初始含水率的样品达到设定参数后关闭热风干燥箱，将初始水分含量为 40%、35%、30%、20% 的 4 个样品置于关闭设备的环境中，缓苏 6h 之后打开鼓风干燥箱干燥，温度 50℃。测定不同初始水分含量下不同缓苏样品干燥过程的干燥时间、干燥速率及干燥终产品的理化指标。

2.3.2.3 缓苏时间对香椿芽品质特性的影响

将含水量为 35% 的样品置于关闭设备的环境中分别缓苏 3h、6h、9h、12h之后置于 50℃ 鼓风干燥箱继续干燥。测定不同缓苏时间的样品干燥过程中水分变化及干燥终产品的理化感官特征。

2.3.2.4 香椿芽干制品质量的模糊综合评判

模糊综合评判的数学模型是建立在模糊数学基础上的一种定量评价模式。它是应用模糊数学的有关理论（如隶属度与隶属函数理论），对冷冻加工后山野菜感官质量中多因素的制约关系进行数学化的抽象，建立一个反映出本质特征和动态过程的理想化评价模式，从而进一步对所得工艺流程的参数进行检验和修正。结合评判对象和评价指标，我们采用一级模型，其主要步骤如下：

（1）建立评判对象的因素集 $U=(U_1,U_2,\cdots,U_n)$

因素就是对象的各种属性或性能。这里我们选择山野菜的颜色、形状、口感、质地作为评价因素，设计评判因素分别为：$U_1=$颜色；$U_2=$形状；$U_3=$口感；$U_4=$质地。组成评判因素集合是：

$$U=(U_1,U_2,U_3,U_4) \tag{2.16}$$

（2）出评语集 $V=(V_1,V_2,\cdots,V_n)$

将冷冻加工后香椿芽样品的感官质量划分为 4 个等级，可设：$V_1=$优；$V_2=$良；$V_3=$中；$V_4=$差

则

$$V=(V_1,V_2,V_3,V_4) \tag{2.17}$$

（3）建立权重集

确定各评判因素的权重集 A，所谓权重是指一个因素在被评价因素中的影响和所处的地位。通常，要求权重集所有因素 a_i 的总和为 1，这称为归一化原则。

设权重集 $A=\{a_1,a_2,\cdots,a_n\}=\{a_i\}$，$(i=1,2,\cdots,n)$，则：

$$\sum_{i=1}^{n} a_i = 1 \tag{2.18}$$

我们采用在加工技术行业常用的"0～4 评判法"确定每个因素的权重，一般步骤如下：首先请 10 名同学作为评委，对每个因素两两进行重要性比较，根据相对重要性打分：很重要～很不重要，打分 4～0。较重要～较不重要，打分 3～1；同样重要，打分 2。据此得到每个评委对各个因素所打的分数表，然后统计所有评委的打分，得到每个因素得分，再除以所有指标总分之和，便得到各因素的权重因子。

（4）建立单因素评判

对每一个被评价的因素建立一个从 U 到 V 的模糊关系 R，从而得出单因素的评价集；矩阵 R 可以通过对单因素的评判获得，即从 U_i 着眼而得到单因素评判，构成 $\pmb{R}$ 中的第 i 行。

$$\mathop{R}_{\sim} = \begin{pmatrix} r_{11} & r_{12} & \cdots & r_{1m} \\ r_{21} & r_{22} & \cdots & r_{2m} \\ \cdots & \cdots & \cdots & \cdots \\ r_{n1} & r_{n2} & \cdots & r_{nm} \end{pmatrix} \tag{2.19}$$

即：$\pmb{R}=(r_{ij})$，$i=1,2,\cdots,n$；$j=1,2,\cdots,m$。这里的元素 r_{ij} 表示从因素 U_i 到该因素的评判结果 V_j 的隶属程度。

（5）综合评判

求出 $\pmb{R}$ 与 A 后，进行模糊变换：

$$B=AR=(b_1,b_2,\cdots,b_m) \tag{2.20}$$

AR 为矩阵合成，矩阵合成运算按照最大隶属度原则。对式（2.20）进行归一化处理得到 B'：

$$B'=(b_1',b_2',\cdots,b_m') \tag{2.21}$$

B' 便是评委的评语集，再由最大隶属度原则确定感官质量所属评语。

2.3.2.5　初始含水率对缓苏样品干燥特性的影响

由表 2.13 结果可知，不同初始水分含量的样品在经缓苏处理后累积干燥时间都有所减少，初始含水量 40%、35%、30%、25% 的样品累积干燥时间相较于对照组分别减少 14.29%、10.00%、7.14%、2.86%，这是因为缓苏过程中香椿芽内部的水分在内部水分梯度的作用下由茎秆向叶片扩散，从而使整体水分分布趋于均匀，水分梯度降低，减少干燥时间。缓苏样品的干燥速率均高于对照样，且缓苏处理前样品的初始水分含量越高，其相对对照样的干燥速率增加程度就越高，如初始水分含量为40％的样品，其缓苏结束后置于50℃热风干燥箱中的干燥速率为5.13，相较对照组增加66.02％。而初始水分含量为25％的样品，其缓苏结束后置于50℃热风干燥箱中的干燥速率为3.64，相较对照组增加17.80％，表明在初始水分含量40％以下时，含水率越高的样品缓苏作用越明显，相比同等条件下未缓苏处理的样品干燥速率增加程度越高。

表2.13　不同初始水分含量缓苏样品干燥参数差异

初始水分含量/%	缓苏前热风干燥时间/h	缓苏后热风干燥时间/h	累积热风干燥时间/h	累积热风干燥速率/[g水/(100g干物质·h)]	联合干燥累积时间/h
40	0.5	1.5	2.0	5.13	6
35	1.2	1.2	2.4	4.72	6.3
30	2.0	0.5	2.5	4.22	6.5
25	2.6	0.2	2.8	3.64	6.8
对照样	—	—	3	3.09	7

图2.16反映了缓苏过程中样品初始含水量对香椿芽干制品品质的影响。由图2.16(a)可知，经缓苏处理的样品的L^*值均比对照样高，即颜色明亮。样品在含水量为25％时效果并不明显，仅比对照样高出1.43％，而含水量30％、35％、40％的样品经缓苏后的L^*值比对照样分别高出15.67％、21.41％、22.23％，与25％的样品差异显著，35％与40％的样品L^*值基本一致。L^*值的变化规律说明干燥过程中加入缓苏环节能显著影响样品最终色泽变化，样品的初始含水量对结果影响很大，试验范围内较高的含水量对产品颜色明亮度有益，使产品减少褐变，可改善产品感官品质。图2.15(b)~(d)分别为缓苏时样品初始含水量对最终产品中叶绿素、维生素C、复水率的影响，可发现各项指标整体上都有随含水量增大而增高的趋势，其中35％与40％的样品各项指标与对照样分别增加13.32％、19.44％（叶绿素），14.03％、19.02％（维生素C），15.38％、23.08％（复水率）。由表2.13可知，缓苏时样品含水量越少，则处理前热风干燥时间越长。叶绿素不稳定，易与空气发生氧化反应，香椿芽在热风干燥时处于湿热强度大且有氧参与的环境，因此出现其随含水量降低而减少的现象。维生素C为热敏性物质，香椿芽含水量越低其从空气中吸收的热量越多，造成维生素C随水分蒸发而损失严重。长时间加热使水分散失的同时，香椿芽叶片收缩严重，整体组织结构变得紧实，致使影响产品复水效果。试验认为：缓苏转换点物料含水量对香椿芽干制品叶绿素、复水率的影响最大，物料在含水量40％进行缓苏处理能够有效地提高干制品各项指标。

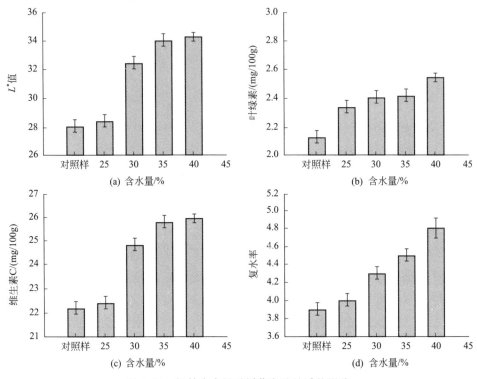

图 2.16 初始含水量对缓苏产品品质的影响

2.3.2.6 缓苏时间对样品干燥特性

试验在香椿芽热风干燥达到 35% 左右含水量时做缓苏处理，设置了缓苏 3h、6h、9h、12h 及对照，研究其对香椿芽干品质特性的影响。试验结果如表 2.14 所示，随着缓苏时间的延长，香椿芽干产品的干燥速率较对照样均有提高，干燥速率增加量也随缓苏时间的延长而增加，缓苏 9h、12h 的增加率达到了 66.50%、67.88%，效果显著。缓苏处理是物理变化，样品中的水分随着缓苏时间的延长减少，累计热风干燥速率总体上也逐渐增加，试验分析可知，当时间到达 9h、12h 能使物料水分重新分布，可缩短累积干燥时间。

表 2.14　样品在不同缓苏时间下的干燥速率

缓苏时间 /h	干燥速率/[g 水分/ (100g 干物质·h)]	对照 样号	干燥速率/[g 水分/ (100g 干物质·h)]	干燥速率增加率 /%
3	3.21	1	2.24	43.30
6	3.42	2	2.15	59.07
9	3.28	3	1.97	66.50
12	3.24	4	1.93	67.88

　　根据质量降解动力学原理可知，干燥过程中伴随物料温度的升高和水分含量的降低必然会发生一系列化学变化和物理变化，化学变化诸如颜色、营养物质等，物理变化表现在干缩、表面硬化等。从图 2.17(a) 可知，缓苏时间越长，L^* 值越高，说明缓苏时间越长，干燥终产品颜色越明亮。比较不同缓苏时间终产品的 L^* 值可以发现，第 6 小时以后，缓苏终产品的 L^* 值变化较慢，缓苏至第 9 小时，干燥终产品的色泽变化已得到显著改善。从图 2.17(b) 可知，缓苏时间越长，叶绿素呈现先增高再降低的趋势。第 9 小时时的叶绿素含量较对照样累计变化量增加 17.16%，而第 12 小时的增量为 7.09%。叶绿素先增高再降低的现象与 L^* 随缓苏时间增加而增高的变化规律并不一致，说明叶绿素仅仅是反映物料明暗度的指标之一，其成色机理是项极其复杂的体系，研究中要区分叶绿素与颜色的关系。从图 2.17(c) 可知，维生素 C 含量变化与叶绿素相似，都有随缓苏时间先升高再降低的趋势。第 6 小时达到最大值，比对照样高出 14.03%。图 2.17(d) 反映缓苏时间对产品复水率的影响，第 6 小时、第 9 小时的增幅基本持平。综上说明，缓苏至第 6～9 小时时，香椿芽内部结构已得到有效改善，品质已得到有效提升。在实际生产中，考虑将原料缓苏时间控制在 6～9 小时。

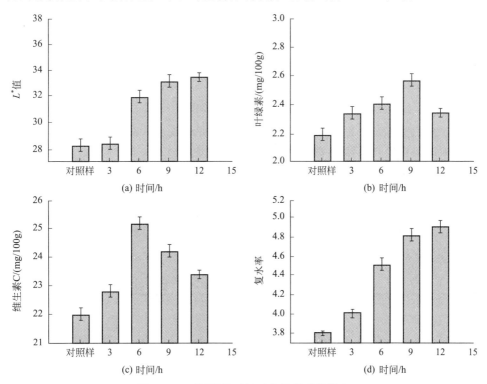

图 2.17　不同缓苏时间对产品品质的影响

2.3.2.7 模糊综合评判

（1）定权重因子

请 10 名学生评委（表中的 A、B、…、J）对加工后的香椿芽感官质量的 4 个因素按 0～4 评判法进行权重打分。这 10 位评委的评价结果见表 2.15。

表 2.15　香椿芽权重打分统计表

因素	颜色	外观	气味	质地	合计
A	7	5	8	4	24
B	8	4	6	6	24
C	4	9	8	3	24
D	8	6	8	2	24
E	3	6	8	7	24
F	8	6	5	5	24
G	9	5	3	7	24
H	7	5	8	4	24
I	6	8	4	6	24
J	9	7	5	3	24
总分	69	61	63	47	

将各项因素所得总分除以全部因素总分之和便得权重系数：

$$\underset{\sim}{A} = [0.288, 0.254, 0.263, 0.196] \tag{2.22}$$

上式说明人们对各项指标的侧重程度（权重）不同，对香椿芽而言，颜色在人们心中最重要，气味其次，而对质地看得相对较轻。

（2）确定隶属矩阵

再请上述 10 位评委对冷冻干燥后的香椿芽感官质量根据评语集 V 各自作出评判，然后统计出各因素得到评语的次数，得到表 2.16。由于共有 10 名评委，将表 2.16 中各数除以 10，便得 4 个因素对 4 项评语的隶属度，将其按因素为行排列即得隶属矩阵。

表 2.16　香椿芽各因素评语统计

评语	颜色	外观	气味	质地
优	6	5	4	4
良	2	3	2	3
中	2	2	3	2
差	0	0	1	1

$$\underset{\sim}{R} = \begin{pmatrix} 0.6 & 0.2 & 0.2 & 0 \\ 0.5 & 0.3 & 0.2 & 0 \\ 0.4 & 0.2 & 0.3 & 0.1 \\ 0.4 & 0.3 & 0.2 & 0.1 \end{pmatrix} \tag{2.23}$$

（3）综合评判

权重系数 A 与隶属矩阵 R 做合成运算：

$$\underset{\sim}{B} = \underset{\sim}{A}\underset{\sim}{R} = [0.288, 0.254, 0.263, 0.196] \begin{pmatrix} 0.6 & 0.2 & 0.2 & 0 \\ 0.5 & 0.3 & 0.2 & 0 \\ 0.4 & 0.2 & 0.3 & 0.1 \\ 0.4 & 0.3 & 0.2 & 0.1 \end{pmatrix} \tag{2.24}$$

可得：

$b_1 = (0.288 \wedge 0.6) \vee (0.254 \wedge 0.5) \vee (0.263 \wedge 0.4) \vee (0.196 \wedge 0.4)$
$\quad = 0.288 \vee 0.254 \vee 0.263 \vee 0.196 = 0.288$

$b_2 = (0.288 \wedge 0.2) \vee (0.254 \wedge 0.3) \vee (0.263 \wedge 0.2) \vee (0.196 \wedge 0.3)$
$\quad = 0.2 \vee 0.254 \vee 0.2 \vee 0.196 = 0.254$

$b_3 = (0.288 \wedge 0.2) \vee (0.254 \wedge 0.2) \vee (0.263 \wedge 0.3) \vee (0.196 \wedge 0.2)$
$\quad = 0.2 \vee 0.2 \vee 0.263 \vee 0.196 = 0.263$

$b_4 = (0.288 \wedge 0) \vee (0.254 \wedge 0) \vee (0.263 \wedge 0.1) \vee (0.196 \wedge 0.1)$
$\quad = 0 \vee 0 \vee 0.1 \vee 0.1 = 0.1$

即
$$B = (0.288, 0.254, 0.263, 0.1) \tag{2.25}$$

将 B 进行归一化可得出归一化的评价集 B'
$$B' = (0.318, 0.281, 0.291, 0.110) \tag{2.26}$$

可见 $b_1' = 0.318$ 为最大隶属度，由最大隶属度原则可知，本组评委对所得工艺流程的操作方法条件加工下的香椿芽感官质量的评语属于优秀，从而进一步证明本研究所得的工艺流程操作条件是可行的。

2.3.2.8 小结

与连续干燥相比，缓苏-间歇干燥可明显缩短干燥时间，且缓苏时初始水分含量越高，干燥速率越大，缓苏作用越明显。缓苏处理能显著提高热风干燥速率，降低物料在高温下的处理时间，有利于提高干燥终产品的理化和感官品质。香椿芽在干制过程水分转换点为 40%，缓苏 6h 处理能够有效地提高干制品各项指标。利用模糊数学评定法通过对香椿芽干制品的颜色、外观、气味和质地指标进行感官评价，得出此缓苏-间歇干燥条件下产品的感官质量评语属于优秀，易于被消费者接受。

◆ **参考文献** ◆

［1］ 王喜忠，于才渊，刘永霞．中国干燥设备现状及进展［J］．无机盐工业，2003，35（2）：4-6．

［2］ 白亚乡．电流体动力学节能干燥技术及其应用研究［D］．大连：大连海事大学，2011．

［3］ 张慜，徐艳阳，孙金才．国内外果蔬联合干燥技术的研究进展［J］．食品与生物技术学报，2003，22（6）：103-106．

［4］ 赵静，王娜，冯叙桥，等．蔬菜中硝酸盐和亚硝酸盐检测方法的研究进展［J］．食品科学，2014，35（8）：42-49．

［5］ 邱念伟，王修顺，杨发斌，等．叶绿素的快速提取与精密测定［J］．植物学报，2016，51（5）：667-678．

［6］ GB 5009.33—2016 食品安全国家标准　食品中亚硝酸盐与硝酸盐的测定［S］．北京：中国标准出版社，2016．

［7］ 段续，刘文超，任广跃．热风干燥联合真空降温缓苏提升黄秋葵干制品品质［J］．农业工程学报，2016，32（18）：263-270．

［8］ 张贝贝．加工处理对脱水香椿品质的影响［D］．杨凌：西北农林科技大学，2015：48-49．

［9］ 朴承泰，洪京秀，李炫周，等．热泵式冷热风干燥机，CN104748516A［P］．2015．

［10］ 李湘利，刘静，肖鲜．热风与微波及其联合干燥对香椿芽品质的影响［J］．食品科学，2015，36（18）：64-68．

［11］ 陈丽娟，王赵改，杨慧，等．漂烫时间及贮藏温度对香椿嫩芽品质的影响研究［J］．食品研究与开发，2016，37（2）：19-23．

［12］ 任广跃，张伟，陈曦，等．缓苏在粮食干燥中的研究进展［J］．食品科学，2016，37（1）：279-285．

［13］ 张慜．生鲜食品联合干燥节能保质技术的研究进展［C］．全国干燥会议，2009．

第 3 章　食品新型升华干燥技术与应用

3.1　食品微波冷冻干燥技术及应用

3.1.1　微波冷冻干燥技术概述

在中国，对流干燥是当前最普遍的干燥方式，然而，在工业上由于干燥时间长以及干燥温度高，常常导致产品颜色变暗、形态收缩、失去风味以及复水能力差等问题的发生。相对于其他干燥方式，冷冻干燥是一种能够对几乎所有的食物都能够较好地维持其营养、颜色、结构以及风味物质的一种干燥方式。而且，冷冻干燥还能够为多孔结构的材料提供较好的复水能力。然而，众所周知，冷冻干燥代价十分昂贵，这限制了将其应用于农产品干燥中的发展。

随着干制品需求量的不断上升和消费者对其品质要求的日益提高，迫切需要研发出更加高效的干燥方式。微波是一种电磁波，且已经作为一种热源广泛地应用于食品工业。微波可以穿透物质，即不借助热梯度便可加热产品，相对于传统热风干燥，微波干燥更加迅速、均匀、高效节能。将微波作为冷冻干燥的热源，在真空条件下，微波可以加热容积大的物质，并可大大提高冷冻干燥的速率，这种技术称为微波冷冻干燥（microwave freeze drying，MFD）。微波冷冻干燥有两种形式：分段式冻干-微波联合干燥技术以及同步式微波辅助冻干的联合干燥。

近几年，微波冷冻干燥已经被研究作为一种潜在的获取高品质干燥产品的方法。MFD 包含了微波干燥和冷冻干燥的所有优点。在 MFD 过程中，大部分的水是在一个高真空状态下通过升华的方式去除的，因此能够得到一个同 FD 干燥有着相似品质的干燥产品。此外，微波是一种快速的过程，因此它有潜在的提高干燥效率的可能。

3.1.1.1　分段式冻干-微波联合干燥技术

分段式冻干-微波联合干燥（FD-MD）是指将冻干操作和微波干燥操作分开

进行，当物料在一种干燥方式下脱水到一定程度后，利用另外一种干燥方式继续进行脱水至最终含水率。这是利用干燥过程分为不同的干燥段（恒速段、降速段），FD 的降速段很长，耗时也很长，但实际上降速段只是除去极少部分的水分，但这部分水分大多是结合水，因而相对游离水难以去除。微波加热效率高，其体积加热的特点使水分扩散方向和物料温度梯度方向相同，因而干燥速率极快，大量试验已证实微波干燥很适合降速干燥段的脱水处理。这样将 FD 和 MD 结合起来，就可以把 FD 过程耗时最长的降速段用微波干燥代替，必然会节约大量的干燥时间。在品质方面，由于大部分水分是在 FD 过程去除的，产品的微孔结构在进入 MD 阶段之前已经形成，在 MD 阶段的变形则会大为降低。同时，MD 干燥过程在去除一小部分水分的前提下耗时极短，故对整个产品的质量影响不会太大。另外，如果需要在更低的温度下干燥，则可用真空微波干燥（VMD）来代替 MD 干燥。这种联合干燥方法的特点是设备投入小，现有的冻干设备依然可以使用，只需增加成本较低的 MD 或 VMD 设备。另外，产品的整个干燥时间会大幅度缩短，从而节约冻干操作的大量能耗，而且产品的品质接近于完全的 FD 产品。

目前，关于分段式的联合干燥研究报道很多，但基于 FD 和微波联合干燥方面的报道并不多，且大多用于果蔬的干燥。从已有研究结果来看，这种联合干燥的方式较为简单易行，适合工艺改进的要求，也能大幅度节约能耗。但是这种干燥方式还存在一些问题，各种分段式联合干燥方式针对的物料不同，工艺要求也不同，如何将不同的干燥方式如 FD、AD、MD 以及 VMD 等联合起来，寻找较为合理的干燥顺序、干燥组合形式，需要详细的实验研究来确定，从而获得较好的产品品质和较低的能耗。另外，联合干燥过程中的水分转换点需要进行大量试验进行优化，从而使干燥时间和产品品质能兼顾。再次，FD 操作结束后如何控制其后续干燥温度，也是一个需要解决的问题。最后，联合干燥在实际操作时是否方便也是影响其推广的一个问题，因为物料需要在不同操作单元间转移，这需要相关的设备研究。

3.1.1.2　同步式微波辅助冻干的联合干燥技术

真空冷冻干燥（FD）是使食品在低压、低温下进行水分蒸发，它利用冰的升华原理，在高真空的环境条件下，将冻结食品中的水分不经过冰的融化直接从固态冰升华为水蒸气而使物料干燥。普通冻干采用的加热方法一般都是加热板加热，由于在真空环境中没有对流，故传热传质极其缓慢，导致在实际应用当中最突出的问题就是能耗大、生产周期长、成本高。与热风干燥相比，冷冻干燥的成本要高 4～6 倍。另外，冷冻干燥加工周期长，加工温度较低，产品容易出现微生物超标现象，如何降低冻干产品微生物含量也是急需解决的问题。

　　冷冻干燥过程主要包括 4 方面的操作：冷冻、抽真空、升华脱水、再冷凝
（捕水）。图 3.1 所示为这 4 方面的操作在总的能耗中各自所占的比例，由图可
知，升华脱水的能耗几乎达到总能耗的 1/2，而冷冻操作能耗则较低，抽真空和
捕水的能耗基本相同。所以，要克服冷冻干燥的缺点，应致力于改善热传递条件
从而提高升华脱水的效率，另外尽力缩短干燥时间从而降低真空系统和捕水系统
的运行时间。基于以上 FD 过程的分析，为了缩短干燥时间，提高冻干过程的加
热效率，可将微波作为冷冻干燥系统的热源。微波是一种电磁波，可产生高频电
磁场，介质材料中的极性分子在电磁场中随着电磁场的频率不断改变极性取向，
使分子来回振动，产生摩擦热。

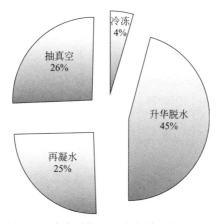

图 3.1　冷冻干燥过程中各单元能耗比例

　　微波可透入物料内部对物料进行整体加热，即所谓无温度梯度加热，进而得
到更佳的干燥效果。微波加热不需加热介质，便于控制，热效率高，被称为第四
代干燥技术，因此在真空状态下依然可快速对物料进行加热，能大大提高冻干速
率。同时，利用微波加热升温快、具有非热效应的特点，可在冻干过程中对物料
进行杀菌处理，而且对产品品质影响较小。这样利用微波作为冷冻干燥热源的联
合干燥方法称为同步式微波辅助冻干联合干燥。

　　同普通冷冻干燥一样，微波冷冻干燥也主要包括制冷系统、真空系统、捕水
系统以及加热系统。工作时干燥室压力低于水的三相点压力，冻结的物料水分开
始升华，为加快升华速率，微波源工作提供热量。因此，同普通的 FD 一样，
MFD 依旧属于低温升华干燥的范畴，因此 MFD 的产品在理论上和 FD 产品是没
有差异的，如果实际操作成本降低，完全可以取代 FD。图 3.2 所示为微波冷冻
干燥装置的示意图，这里把普通加热板和微波加热集成在一起，可以用来做联合
干燥。另外，微波场中温度测量所用方式不同于普通冻干装置，因为常规的温度
传感器如热电偶、铂电阻等在微波场中信号会产生失真，故较为常用的测温方式
是采用红外测温或光纤测温。

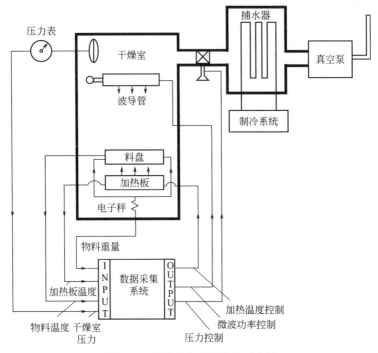

图 3.2　微波冷冻干燥装置示意图

3.1.2　食品微波冷冻干燥技术当前存在的问题

食品微波冷冻干燥的目的就是取代常规的 FD 方式,在产品品质没有明显区别的前提下,尽可能地缩短干燥时间,降低干燥能耗。要实现这一目标,必须要解决在 MFD 中可能出现的各种问题。

3.1.2.1　干燥设备的问题

(1) 加热不均匀

尽管微波可直接对食品内部水分进行加热并快速升温,但由于干燥室中的微波场分布不均,会造成物料加热不均匀的问题。另外,许多报道表明,产品的边缘和尖角部位在微波场中容易过热,从而造成产品焦煳或失去风味。另外,当干燥后期物料水分含量较低时,虽然水分少,吸收微波能也减少,但少量微波能也能使物料快速升温至很高水平,引起焦煳,所以实际操作中物料温度的精确控制是一个重要问题。要解决加热不均匀的问题,需要对干燥室内的微波场分布进行模拟,优化物料摆放位置,并采用多模式的谐振腔。

(2) 微波和传热传质的相互影响

微波场内存在着微波和物料的相互耦合作用,这会导致几个问题:①干层热失速，也称为热斑、热失控。如果物料的微波吸收能力随温度上升而上升，则微波加热使温度升高，而温度上升又使物料吸收的热量增大，两者相互影响会使加热集中在物料的特定区域内而使干燥失败。②冻结层的冰融，同上述相似，因为水的微波吸收系数远大于冻结物料，因此如果冻区内有一点融化，则微波就会集中加热这一点而使干燥失败。③回波。如果微波加热功率和物料对微波的吸收不匹配，则电磁波就会在加热腔中反复振荡形成很强的驻波，并可能沿波导管返回磁控管中，严重时甚至可能造成磁控管的损坏。要解决这些问题，必须对海参的介电特性进行研究，找出其微波吸收规律，防止热失速的发生。

（3）辉光放电问题

辉光放电是指在高电场点及加热腔的突出位置，由于电场击穿会发生辉光放电使食品变性变味，浪费功率，并可能损坏设备。电场中发生辉光放电的最小场强与水蒸气分压有关，在真空冷冻干燥条件下，由于干燥室内压力很低，当某一点的电场强度高于临界值的时候，就会发生空气击穿现象，引起辉光放电，这也是 MFD 设备较难解决的一个问题。解决这一问题首先要在设计干燥室的时候，对电场强度分布进行详细模拟，并采用多模式的谐振腔，尤其在微波馈能口位置要控制压力不能过低。另外要对谐振腔的尺寸进行优化，并在实际干燥操作时对微波功率密度和压力进行匹配。

（4）干燥中物料温度的检测

在冷冻干燥过程中，物料的温度原则上要低于共熔点温度，这样才能保证物料在干燥过程中不出现液态水分的迁移，从而保证产品的质量，所以，物料的温度在线检测就至关重要。在常规冻干中这已经是很成熟的技术，但在微波冻干中，微波会对常规的热电偶、热电阻等电信号产生强烈干扰，甚至引起短路、放电等故障。目前较为常用的是采用红外测温方法，但该方法最大的问题是只能反映物料表面的温度。解决此问题的方法一是直接采用光纤测温的办法，但目前国内外的光纤用于真空环境下效果都不太好，需要相关的攻关研究。另外的方法是采用较为可靠的红外测温方法，结合其他温度指示手段（如测温贴、化学指示剂等），对物料的温度分布进行模拟，这样通过表面温度也可实现对干燥过程的控制。

3.1.2.2 干燥速率的提高以及能耗的充分降低

对微波冻干和普通冻干的经济性对比已有人作了较为详细的分析，但要扩大微波冻干的成本优势，最直接的还是缩短其干燥时间。在比普通 FD 能更多节约干燥时间的基础上，制约 MFD 干燥时间的主要是物料中水冻结后介电损耗系数大为降低，从而导致物料吸收微波的能力下降。因此，如果要进一步提升 MFD 的干燥速率，提高微波能的利用率，必须对物料的介电特性进行详细研究。在微波场中食品介电特性研究的相关报道比较少见，而且大多是基础性的物性参数研究。如程裕东报道了通过对面包样品添加 NaCl 来改变样品的介电特性的实验，结果表明添加 NaCl 可提高样品的表面加热性，使样品的温度分布高温区由中心部向着顶角部转移，目前此领域的技术均未涉及提高微波场中食品介电常数的技术内容。在介电特性研究的基础上，寻找能够提高 MFD 过程中物料微波吸收率的办法，可有效解决这一问题。

另外，为了进一步降低能耗，如何进行合理的前处理也很重要。对冻干前处理的研究目前较少，多数是讨论预冻工艺对冷冻干燥品质和速率的影响。渗透技术是利用渗透压差对物料进行部分脱水的一种方法，一般经常用的渗透剂有盐、糖、酒精等材料。渗透处理在以前的报道中主要用于蔬菜水果的处理，在部分脱水后由于初始含水率的下降，后续干燥可缩短干燥时间、降低能耗。同时由于渗透处理条件温和，对物料的物理和化学损伤都较小，因此，渗透处理可作为一种很好的干燥前处理方法，来进一步缩短干燥时间，降低能耗。Donsi 利用渗透前处理结合冷冻干燥加工苹果和土豆，渗透介质为糖和食盐，产品质量很好，并且大幅度地缩短了 FD 干燥时间。因此将渗透操作引入物料的 MFD 前处理，是进一步缩短干燥时间、节约能耗的一条有效途径。

3.1.2.3　微生物数量的控制

常规冷冻干燥由于耗费时间长，通常要 25h 左右，而且整个冷冻干燥过程中温度都比较低，导致冻干过程中微生物不易控制，干燥结束后大部分微生物只是休眠，并没有死亡，在以后的贮藏过程中只要条件适宜，微生物就会活化，进而影响冻干物质的品质。尤其在生产活性物质（如海参）时，不能经过高温前处理，干燥过程的杀菌就显得尤为重要。在 MFD 的实际干制过程中时，还存在微波加热不均匀的问题，这对于干燥脱水影响并不大，因为水分存在扩散，最终产品脱水效果还是会比较均匀。但对于杀菌操作来说，如果存在加热不均则会有残留微生物存在。所以，如何解决微波冷冻干燥过程的杀菌问题，也是 MFD 技术值得研究的一个重要问题。

3.1.3　微波冷冻干燥技术在食品中的研究应用

众所周知，微波是一种电磁波，且已经作为一种热源广泛地应用于食品工业。微波可以穿透物质，即不借助热梯度便可加热产品，这在干燥方面有很积极的影响作用。作为冷冻干燥的热源，在真空条件下，微波可以加热容积大的物质，并可大大提高冷冻干燥的速率，这种技术称为微波冷冻干燥（MFD）。

在理论研究方面，从 Copson 尝试微波冷冻干燥试验后，人们一直致力于解决该项技术的一些问题，较为突出的就是微波的加热均匀性差，工艺的优化和过程控制较为困难。这就需要建立较为准确的干燥模型，从而可以对干燥过程进行预测。Copson 最早提出了微波冷冻干燥的准稳态传热模型，并作了简单分析，但与实际过程差别较大，后来 Ma 和 Peltre 等提出了较完善的一维非稳态热质传递模型，在此基础上，Ang 等考虑了物料的各向异性而将其扩展到了二维模型。Wang 等在 1998 年报道了微波冷冻干燥过程的升华-冷凝现象，并建立了多孔介质的升华-冷凝模型，经过验证能较为准确地模拟干燥过程中的热质传递。后来 Wu、Chen 等在此基础上发展了具有电介质核的多孔介质耦合传热传质模型，Tao、Chen 等研究了具有电介质核的圆柱多孔介质的双升华界面模型，孙恒等考虑了吸附水的干燥过程，进一步完善了微波冷冻干燥过程的数学模拟理论。但这些理论尚无进一步结合具体干燥实践应用的报道，如何在实际生产中进行模型的修正及改进仍有大量工作要做。

在实验研究方面，最早 Copson 进行过微波冻干试验，Hammond 对牛肉、虾做了微波冻干试验，证明了干燥时间可以大幅度缩短，但此后这项技术发展并不快，更多研究都集中在基础性研究方面。Peltre、Ma 则除了进行干燥过程的实验，还进行了微波冻干的经济性分析，论证了微波冻干技术具有降低实际运行成本的能力。Tetenbaum 和 Weiss 在 1981 年设计了新的微波冻干设备，将冻干牛肉的干燥时间大幅度缩短，但没有进一步进行更详细的工艺试验。Dolan 和 Scott 在 1994 年详细研究了水溶液冻结后的微波冻干特性，应用了前人所得的一些理论，除了证明干燥时间缩短外，还发现不同的冷冻速率会影响干燥时间，另外干燥速率不同会使产品品质也有很大差别。王朝晖等在 1997 年进行了初始饱和度对微波冷冻干燥传热传质过程的影响，发展了升华-冷凝模型，同时以牛肉为原料进行了较为系统的干燥工艺试验，施明恒、王朝晖在 1998 年还进行了蜂王浆的微波冻干试验，但并没有给出具体工艺优化办法。Lombrana 等在 2001 年进行了更为详细的微波冻干工艺参数试验，除了研究传递现象，还提出了间歇微波加热和循环压力的方法，把压力作为一个重要参数控制，以避免辉光放电现象的发生。Wang 和 Chen 则在 2003 年首次提出了加入介电材料提高微波冻干速率的方法，并进行了系统的试验，提出了具有电介质核的传热模型，但其只对液状物料进行了试验，如药液、甘露醇溶液和脱脂乳。Nastaj 和 Witkiewicz 在 2004 年用微波冷冻干燥的方法干燥了一些生物材料，并和其他方式做了对比。Wu 等在 2004 年还报道了冰晶尺寸对微波冻干速率的影响。Duan 等成功地用此法干燥了海参及苹果。这些研究都表明了与冷冻干燥相比，微波冷冻干燥能够有效地减少干燥时间。然而，微波在高真空条件下可能会导致电晕或等离子体放电，产品中的冰随之融化，从而出现过热和质量恶化的现象。Duan 等设计了微波谐振腔作为一种有效的多模谐振腔，使电场分布更均匀。

总之，虽然 MFD 相对传统 FD 具有巨大的优势，但微波冷冻干燥过程比普通冻干过程更为复杂，对其研究近年来依然集中在传热传质的理论研究方面，涉及实际生产工艺以及具体产品的研究成果几乎没有，另外有很多具体问题一直没有解决，因此目前还没有工业化方面的应用，国内外进行这方面研究工作的人也相对较少。如果要将这门技术成功地运用到实际生产，必须要结合具体物料，进行大量的试验研究，并能解决 MFD 过程的典型问题。

3.2　食品常压冷冻干燥技术及应用

3.2.1　常压冷冻干燥技术概述

常压冷冻干燥（atmospheric freeze drying，AFD）是科研人员近年来探索的一种新型冷冻干燥方法。它是在常压或接近常压下，对物料采取特定手段进行除湿，使得物料周围低温空气中的水蒸气分压保持低于升华界面上的饱和水蒸气分压的状态，冷冻物料的水分得以升华，冷冻干燥可以在常压下进行。与常规的真空冷冻干燥技术相比，常压冷冻干燥省去了提供真空环境的装置，从而可以节省约 1/3 的能量，具有成本低、能源消耗少的优点。目前，由于缺乏对干燥处理过程的准确数学描述，导致 AFD 干燥过程不可预测。所以尽管 AFD 节能效果明显，但其产品品质很难达到常规真空冻干产品标准。因此，选择高效节能的除湿方式显得十分必要。

常压冷冻干燥产品的复水性以及吸湿性与真空冷冻干燥产品的特性相似。常压冷冻干燥具有高效节能、产品品质高以及安全可靠的特点，正是因为这些突出的优势，才越来越受到研究者的重视和期待。常压冷冻干燥相比真空冷冻干燥能够解决 30%～40% 的能量，运营成本大大降低；在常压下即可达到冻干的品质，干制品不易发生收缩变形，复水率高，特别适合热敏性物料和营养价值较高的物料干燥；低温下大部分的微生物冻死，在一定程度上起到杀菌的作用，能够避免二次污染。

常压冷冻干燥最显著的特性是便于在产品冻结温度以下实现产品干燥，与真空冷冻干燥相比，温度较高，温度范围是 −3～−10℃。由于湿空气的自然特性，导致低温条件下除湿能力降低。并且，低温条件需要更多的能量，因此降低了单位能耗除湿量。

常压冷冻干燥具有如下优点：

① 高效节能：常压冷冻干燥因依靠物料周围的水蒸气分压与升华界面上的饱和蒸汽压差的原理来对物料进行干燥，整个过程不需要维持在较低的压力下，不用任何的抽真空设备；与真空冷冻干燥相比，其干燥装置的节能优势显著，而且常压冷冻干燥中存在着对流换热的过程，其传热效率比真空冷冻干燥要高很多，因此运行成本比真空冷冻干燥低 30%～40%。

② 产品高品质：常压冷冻干燥不仅能降低能耗而且又兼具冷冻干燥的特点。

物料在经过预冻后，水分和溶质被冰晶均匀地分布在物料层中，溶质随着水分的升华原地析出，避免溶质在蒸发干燥下被水分迁移到表面而导致产生硬化现象，保持了食品原有的品质。同时物料冻结后形成固体骨架在升华干燥过程完成后也保持稳定，不会产生收缩变形，并且干燥后的物料具有多孔结构，复水性能较高。低温下的干燥也不会破坏物料的营养成分，尤其适合于热敏性和高营养价值产品的干燥。

③ 安全可靠：干燥过程中不产生任何的有毒有害物质，生产的环境也清洁卫生，并且经过冷冻后，还可以杀死物料表面的一些微生物，避免干燥过程中的二次污染。

3.2.2 常压冷冻干燥的原理

食品冷冻干燥主要是使食品中的水分在低温下凝固，再利用冰晶升华原理除去水分，从而极大限度地保留新鲜食品固有的色、香、味以及维生素等营养物质。水具有三种聚集态，即气态、液态和固态，也称为三相态。三种相态间达到平衡状态时存在一定的关系，这个关系成为相平衡关系。食品冻结干燥过程中对含水食品的研究和分析主要基于水的相平衡关系。在常压下，水的温度在 100℃以上时的聚集态为气态；当温度下降至 100℃时，气态的水蒸气开始冷凝为聚集态为液态的 100℃的水，直至全部冷凝完毕；当温度继续下降至 0℃时，液态的水开始凝固为聚集态为固态的 0℃的冰，直至全部凝固完毕；当温度继续下降到0℃以下时，冰的温度随之下降。反之，若 0℃以下的冰逐渐予以加热，将与上述的过程反方向进行。在水的相态变化过程中，汽化、溶解、冷凝、凝固都是物质聚集态在发生变化，其集中放出热量和吸收热量（即潜热）的过程对应汽化潜热、溶解潜热、冷凝潜热和凝固潜热。在常压以外的压力范围内，水的相变过程与常压下相同，只是相变对应的温度值不同。

水的气、液、固三态是由一定的压强和温度所决定的。水的相变过程可以用三相图表示，三相共存时的温度和压力的交叉点为三相点。图 3.3 为水的相态图，图中横坐标为温度，纵坐标为压力，OA、OB、OC 将平面划分为三个区域，每个区域表示水的一种聚集态，分别为固相区、液相区和气相区。三条曲线分别表示冰-气、冰-水和水-气两相共存时温度和压力之间的关系，对应为升华、溶解和汽化曲线。O 为三曲线的交叉点，即三相点，对应的三相点温度为0.01℃，压强为 610Pa。水分在三相点处的温度和压力下，气态水蒸气、液态水和固态冰才有可能同时存在。

常压冷冻干燥的原理是基于三相图中的升华过程，即在升华曲线上，不同温度下冰晶对应的饱和蒸气压不同，当环境压强低于冰在某一温度下对应的蒸气压时，吸收相变潜热约 2840kJ/kg，发生升华现象。在冷冻物料干燥过程中，冻结

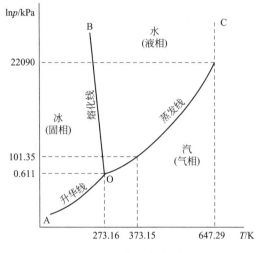

图 3.3 水的相态图

的物料内部以升华界面为界划分为干燥层和冻结层，并随着干燥进行使得升华界面不断向冻结层移动，干燥层的厚度呈现逐渐增加、冻结层的厚度呈逐渐减小的趋势，直至冻结层完全消失，物料干燥结束。在冷冻干燥过程中，为了保证升华过程的持续进行，升华界面产生的饱和水蒸气能够不断向物料表面外扩散，物料周围环境中的水蒸气分压必须保持低于升华界面所产生的饱和水蒸气分压，同时还需要周围环境不断地向升华界面输送冰晶升华吸收的潜热。

3.2.3 常压冷冻干燥技术的研究进展

3.2.3.1 常压冷冻干燥设备

目前大部分常压冻干设备都是以流化床干燥机和喷雾冷冻干燥机结合的角度构建的。图 3.4 是一种能够用于实施常压冷冻干燥的带有热泵系统的流化床干燥机。热泵干燥机（HPD）的冷冻模式可在常压下操作，从而可以满足这样的需求。常压冷冻干燥可以把冷冻干燥产品的高质量和对流热泵干燥成本低这两个优点结合起来。使用热泵技术的主要优点在于可利用水的潜热，并且能够控制干燥温度和空气湿度。用热泵进行常压冷冻干燥时典型的 SMER（单位能耗除湿量）的值是 4.6～1.5kg 水/(kW·h)，与此对应，同样规模的工业真空冷冻干燥机的单位能耗除湿量的范围是在 0.4 或以下。

尽管可以获得低能耗和更好的产品质量，但受实际操作条件的限制，常压冷冻干燥过程中仍然存在某些问题一直没能得到很好解决。例如常压冷冻干燥的干燥时间非常长，干燥期间物料发生的解冻、产品收缩影响干燥速率的问题以及水

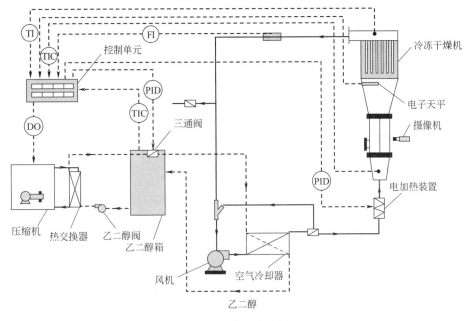

图 3.4　常压冷冻干燥装置及部件

分扩散导致最终产品质量变差等，都是学术界一直寻求解决的共性问题。因此，在没有造成冰晶融化的情况下，控制样品的温度以满足相对较高的干燥速率和良好的产品质量，可以在一定程度上解决常压冻干的耗时问题。在干燥过程中，湿物料中的溶质和水相互作用，质量分数逐渐发生变化。由于冰点退却导致水分含量降低，所以要为每个样品单独制定干燥策略。因此，在干燥过程中基于冰点退却来控制常压冷冻干燥的温度已经变得非常重要。

3.2.3.2　常压冷冻干燥技术当前存在的问题

目前研究表明，AFD除湿手段单一（一般采用吸附剂除湿），除湿效果较差，冰晶在干燥过程中容易融化，致使产品品质下降；同时，缺乏对干燥处理过程的准确数学描述，导致 AFD 干燥过程不可预测。所以尽管 AFD 节能效果明显，但其产品品质很难达到常规真空冻干产品标准。

综合国内外研究情况，AFD 技术主要存在如下问题：①当前主要的除湿手段采用吸附剂除湿，除湿效果较差，经常由于水蒸气分压高而导致冰晶融化严重，致使冻干失败。另外对吸附剂性质、物料性质等因素对干燥过程的影响还需更多的实验摸索，干燥过程中界面温度的控制、物料与吸附剂的分离等，也是需要进一步解决的问题。②AFD 装置通常由用来降低温度的机械制冷系统除湿，且为了使环境水蒸气分压足够低，制冷温度通常非常低，导致设备成本较高，很难实现产业化。③AFD 产品品质不稳定，后期温度控制难，经常出现组织塌陷等现象。④缺乏对 AFD 处理过程的准确数学描述，导致干燥过程不可预测。

为了提高农产品和食品的干制品品质，探索高效节能的除湿方式，节约能耗，可以采用涡流管作为除湿冷源，加入热辐射和热传导以提高干燥效率。

将热泵引入常压冻干过程，可以把冷冻干燥产品的高质量和对流热泵干燥成本低这两个优点结合起来，通过灵活控制蒸发器和冷凝器温度，来进行多梯度的空气湿度控制，同时又可提供稳定的升华热，使得热损失降到最低。

3.2.4 常压冷冻干燥技术在食品中的研究应用

目前，有关常压冷冻干燥在食品中的研究存在的主要不足是升华速率低，冰晶易融化。为了克服这些缺点，研究者致力于基于吸附流化床、吸附固定床以及热泵原理的研究。

Bubnovich 等建立了描述在常压下冻干过程的二维模型，并采用有限差分法进行数值模拟，模拟结果表明：该模型和方法能够正确地对食品冻干过程中复杂的升华界面移动进行描述；通过对质热传递的方向（如单向和双向）进行比较，发现两者的干燥动力学相差较大，这与几何比率有关，随着几何比率的减小，两者的差异降低。

此外，也有学者通过增加热源或耦合联用等多种除湿模式，以期达到加强质热传递过程、降低干燥时间的目的。通过将超声波、微波和红外辐射作为热源或振动等机械的方式辅助 AFD 以加速水分升华速率、缩短干燥时间。

Michael 等采用高强度超声波辅助常压吸附流化床冷冻干燥处理豌豆，结果表明：超声波强度变化对干燥温度、干燥时间影响极大，这是由于超声场的存在，超声波穿透物料表面，物料内部的水分子产生高频率振荡，其有效扩散速率得到提高。相比普通的常压吸附流化床冷冻干燥，高强度超声波的辅助能够提高固-气界面的质量传递速率，缩短干燥时间，可大大降低成本，提高产品质量。

Santacatalina 等考虑动边界水蒸气扩散的一维模型，用来描述功率超声波辅助 AFD 处理苹果的干燥动力学，研究苹果片块在不同风速（1m/s、2m/s、4m/s和6m/s）、不同温度下（-5℃、-10℃、-15℃）、不同超声功率（25W、50W、75W）和不增加功率的条件进行干燥。通过将适当的扩散模型与试验干燥动力学拟合，可以估测干燥产品的水蒸气有效扩散率。建立的模型成功地在不同尺寸和几何体（块状和圆柱状）的干燥样品中得到验证。

Duan 等比较了 3 种干燥方式(冷冻干燥、微波冷冻干燥、常压冷冻干燥）对蘑菇的不同干燥效果。根据不同干燥阶段产品表面的温度及含水量，可以发现常压冷冻干燥速率最慢，低于冷冻干燥，微波冷冻干燥的速率最高。常压冷冻干燥及冷冻干燥的干燥时间分别为 24h、15h，而微波冷冻干燥仅需 8h。他们发现，与微波冷冻干燥及冷冻干燥相比，常压冷冻干燥会造成更严重的褐变、皱缩、结块以及复水性降低。常压冷冻干燥的优点是维生素 C 保留率高。根据产品的表面温度以及含水率可知，微波冷冻干燥过程中在－10℃条件下可去除 55％的水分，冷冻干燥过程中－10℃条件下可去除 60％的水分，而常压冷冻干燥仅能去除 50％的水分，这表明 50％的水分是通过蒸发而不是升华去除的，这会导致更大程度的色泽及质地的恶化。这是常压冷冻干燥很明显的一个缺点，有待于解决。但是，相比于微波冷冻干燥及冷冻干燥来说，常压冷冻干燥时间虽长，但是能耗低。这是因为，常压冷冻干燥不需要惰性气体、真空度以及冷阱条件，热泵就能完全利用湿空气的汽化潜热及湿热。与冷冻干燥相比，微波冷冻干燥也是低能耗的，它的低能耗归因于干燥时间短，缩短了真空系统以及冷藏系统工作的时间。

3.3　分段式冻干食品干燥技术及应用

3.3.1　分段式冷冻干燥技术概述

真空冷冻干燥技术（freeze drying，FD）是目前公认的可最大限度保持食品营养及外观的干燥方法，可在真空条件下使冻结物料中的水分直接升华，因而保持了物料原有的活性成分和性状。但事物总有两面性，每种干燥方式都有其优缺点，冷冻干燥也不例外。冷冻干燥过程中最大的问题就是能耗大，如果用来干燥附加值很高的产品，生产成本相对较低，但如果用来干燥普通的食品，生产成本很高，这就会影响产品的销售。

冷冻干燥过程由 4 个主要的部分组成：冷冻、真空、升华和冷凝。其中升华部分约占总能耗的 45％，真空和冷凝各占 26％和 25％，冷冻只占 4％。因此，想要减少冷冻干燥过程中的能耗必须从以下 3 个方面着手：提高升华过程中的传热效率；缩短干燥时间，以此缩短真空时间；避免使用冷凝器。通过对这 3 方面的分析可知，可以采用一些方法来降低冻干过程中的能耗。最常用的方法是预处理，通过渗透脱水等方法，先除去水果中的一部分水分，这样就相当于缩短了冷冻干燥过程的干燥时间。这种方法虽然降低了冻干的时间，但是物料的品质会有一定程度的下降，比如物料的外形、口感等。

FD 技术目前已经较为成熟，但在实际应用中，具体操作条件因处理对象的不同而有很大差异，因为食品物料的种类繁多，各品种间的物性差异大，每种物料都需要根据自身的特性来探索冻干操作条件。Lorentzen 通过对高值食品原料和低值食品原料的冻干成本对比分析得出，冻干技术并不适合所有食品生产，仅适用于高价值食品和高附加值食品。George 等报道了真空冷冻干燥蔬菜片的热质传递模型的进展和有效性；同时认为冻干过程是以质量传递控制为主，这就决定了食品原料的冻干速率在现有的条件下提高余地较小，否则会严重影响产品质量。总之，FD 过程需要消耗很长的干燥时间，同时能耗也较大，如果原料本身就已经很昂贵，加上高的运行成本，其售价则会太高，这是制约 FD 技术推广的首要问题。因此寻找一种比 FD 耗时短、能耗小、但品质接近的新的干燥方式就非常有必要了。

对于高价值食品和高附加值的食品来说，考虑到其十分高档的特点，对其干燥应该是在低温下操作，同时兼顾干燥效率。如果新方法的产品接近 FD 的产品品质，但远低于 FD 的干燥能耗，则可取代单一的 FD 技术。要实现这一目标，可以将 FD 与一些干燥时间和成本可大幅度降低的干燥技术联合，进行分段式联合干燥。

微波真空干燥（microwave vacuum drying，MVD）将微波技术和真空技术有机地结合，充分发挥微波加热快、真空条件下水汽化点低的特点，可对多种原料进行快速脱水，并能保持较高的产品质量，现已成功用于多种高价值产品的干燥。许多研究表明：真空微波干燥制品的色香味及热敏性成分的保留率比较接近冷冻干燥，但质构较硬，复水性较低，与冷冻干燥有一定的差距；但干燥时间和成本可大幅度地降低。

大多真空微波设备的排湿量有限，对于含水量较大的产品的前期干燥，若直接采用微波将这部分水分脱去，则设备内壁将因排湿不畅而凝结大量水滴，加大了设备的干燥负荷，是不经济的，也会使效率下降。如果在前期先将物料水分降至 $40\%\sim50\%$，再用真空微波干燥至最终期望水分，则更加能够体现 MVD 的技术优势。将 FD 与 MVD 组合起来，进行分段冻干-微波真空联合干燥（FD-MVD），即前期 FD 将物料含水量干燥至 $40\%\sim60\%$，后期用真空微波干燥至最终水分，这样既可缩短 FD 干燥的时间，又可降低微波设备的干燥负荷，同时，产品在 FD 干燥段可形成一定的多孔结构，在随后的干燥过程中变形便较小。

近年来，将冻干与其他干燥方式结合，通过串联或并联联合干燥来降低冻干过程中的能耗得到了广泛的研究。目前利用分段 FD-MVD 联合干燥的方式对高价值产品进行干燥的报道非常少，需进行与干燥相关的物性研究。例如，为了确定 FD 的干燥适宜温度，需了解原料的共晶共熔点温度；为了得到较为适宜的口感，则需要对其热加工特性进行研究。另外，FD-MVD 分段联合干燥中对产品质量或者能耗指标影响较大的各具体工艺参数需要重点控制，这也需要大量的试验研究。

3.3.2　典型食品分段式冻干-微波联合干燥技术

3.3.2.1　苹果的冻干-微波真空串联联合干燥

对于苹果片的串联联合干燥，存在两种方式，一是先冻干再微波真空，二是先微波真空再冻干。这两者有显著的差别，MVD-FD 苹果片的硬度较大，脆度较小，外观光泽较差，风味保留也不如 FD-MVD 苹果片，而最为突出的是形状的方面，与 FD 和 FD-MVD 相比，MVD-FD 产品的外观有明显的皱缩。

从表3.1可以明显看出联合干燥的节能作用。单从节约无效能耗的角度来看，MVD-FD 过程好于 FD-MVD。

表 3.1　不同干燥方法对无效能耗节约率的影响

	FD	FD-MVD	MVD-FD
总能耗/kJ	80584.20	46021.28	45616.923
有效能耗/kJ	26042.86	12859.21	16434.08
无效能耗/kJ	54541.34	33162.07	29182.84
无效能耗节约率/%	0.00	39.20	46.49

图 3.5 是不同干燥方式下的苹果片，从中可清楚地看出，FD 苹果片的外观最好，FD-MVD 的苹果片与 FD 几乎一模一样，没有明显皱缩，相比之下，MVD-FD 苹果片的外观要差一些，出现了明显的皱缩。FD-MVD 苹果片的品质、结构以及感官评价全都好于 MVD-FD 苹果片，在外形要求不是非常严格的条件下，建议选择 MVD-FD，不仅因为节能百分比高，还因为微波真空在 FD 前

(a) FD

(b) FD-MVD

(c) MVD-FD

图 3.5　不同干燥方式的苹果片样品

使用，与微波真空作为后干燥相比，不存在干燥终点控制的问题。如果对外形要求严格，则 FD-MVD 比较适合，干燥终点可以通过在线测温来控制。

3.3.2.2 草莓的冻干-微波真空串联联合干燥

草莓的 FD-MVD 串联联合干燥是以整果为研究对象的，这与草莓的品种有关，如果草莓直径过大，仍需要切片或切块处理。草莓与苹果相比，存在几点差异，首先是质地更为柔软，因此，若是需要切分处理，需要首先将其进行预冻结，再进行切分，否则汁液流失将非常严重；第二，草莓果肉不存在褐变问题，无须进行护色预处理。

草莓 FD-MVD 过程中，发现其水分转换点可以提前至升华阶段后期，此时物料中仍有少部分冰晶存在，这与苹果片以及其他材料的研究结果不同，可能与草莓的状态有关，整果干燥时，内部细胞结构并没有遭到破坏，因而在后期MVD 过程中，少量冰晶融化后形状依然能够得到较好的保持。

表 3.2 不同干燥工艺草莓的感官评价结果

	FD	FD(0h)＋MVD	FD(7h)＋MVD	FD(11.5h)＋MVD
外观	3.9	2.0	2.8	3.3
口感	2.3	1.7	2.5	2.7
风味	2.7	1.8	2.2	2.4
总分	8.9	5.5	7.5	8.4

由表 3.2 中可以看出，虽然水分转换点可以提前，但依然存在一些皱缩，外观稍差一些。表 3.3 是不同工艺条件的能耗情况，计算方法与苹果的一致。两个表对比来看，水分转换点提前的优点是能耗得到了大幅度的降低，降低程度达到了 50% 以上，因此，在外形要求不是非常严格的条件下，可以选择节能效果好的工艺条件。

表 3.3 不同干燥工艺的能耗计算结果

	FD	FD(7h)＋MVD	FD(11.5h)＋MVD
总能耗/kJ	91371.61	40049.23	59631.31
有效能耗/kJ	32415.64	10736.18	17296.71
无效能耗/kJ	58955.97	29313.05	42334.60
节约率/%	0.00	50.28	28.19

图 3.6 是不同水分转换点草莓干燥样品的照片，从图中可以直观地看出，FD 草莓的外观最好，但 FD（11.5h）＋MVD 的草莓外观与单独 FD 的样品非常接近，FD（7h）＋MVD 的草莓外观有明显的皱缩，且部分位置出现颜色变化，这是在物料中仍有少量冰晶的时候进行 MVD，冰晶先融化成水，再蒸发成

水蒸气留下的。

(a) FD

(b) FD(11.5h)+MVD

(c) FD(7h)+MVD

图 3.6 不同水分转换点 FD-MVD 草莓干燥样品

3.3.2.3 铁棍山药的冻干-微波真空串联联合干燥

目前，国内关于铁棍山药加工的报道并不多见，且多采用热风、微波或冻干等单一干燥方式。例如将怀山药先进行渗透脱水预处理，然后采用热风干燥方式进行干制，研究发现，渗透预处理可以显著提高怀山药的色泽和外形，也能够在一定程度上缩短干燥时间，但是干燥时间仍然需要13h以上。或者采用微波真空联合干燥处理怀山药，时间大为缩短，多糖等成分也得到了很好的保留，然而得到的怀山药片皱缩较大。

黄略略等采用 FD-MVD 对铁棍山药进行研究，取得了一些新的进展。首先，以维生素 C、样品色泽和多糖为指标，确定最佳水分转换点，发现 FD 4.5h 为最佳水分含量转换点。在后期微波真空干燥过程中，研究人员采用了分段调节功率的方法来提高样品品质，同样以维生素 C、样品色泽和多糖为指标，最终确定前期、中期和后期分别采用 0.15W/g、0.35W/g 和 0.25W/g 的微波功率为最佳。另外，研究人员发现在微波真空干燥过程中，温度控制非常重要，过高的温度会导致维生素 C 和多糖含量的损失。

其次，研究人员还以外观、复水性、营养物质含量、超微结构为指标，研究 FD、MVD、FD-MVD 及 AD 4 种干燥方式对铁棍山药品质的影响并进行比较，结果表明，FD-MVD 铁棍山药的品质与 FD 的非常接近，维生素 C 的含量甚至高于单独 FD 的样品。

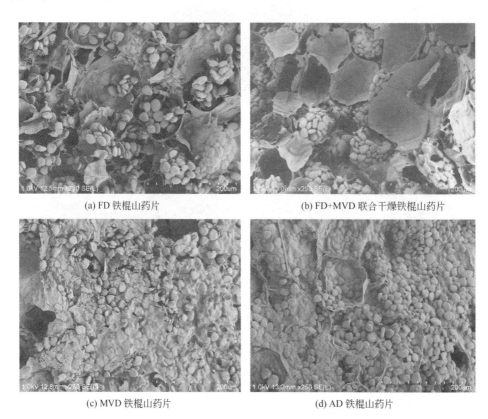

(a) FD 铁棍山药片 (b) FD+MVD 联合干燥铁棍山药片

(c) MVD 铁棍山药片 (d) AD 铁棍山药片

图 3.7　四种干制铁棍山药的电子扫描显微镜图

从图 3.7 中可以看出，冷冻干燥的铁棍山药细胞具有明显的蜂窝状结构，且淀粉颗粒分散在细胞结构的周围，这表明冷冻干燥可以很好地保持铁棍山药的超微结构，事实上，从外观上看，冷冻干燥的铁棍山药片的外形保持得非常完好，几乎没有皱缩，超微结构的图片从微观角度证实了冻干对铁棍山药片结构的保持。对于冻干-微波真空联合干燥的样品来说，其细胞结构也得到了很好的保持，细胞具有明显的蜂窝状结构，说明联合干燥在冷冻干燥阶段已经形成了多孔的细胞结构，这个孔道在后续的微波真空干燥过程中得到了保持，可以非常好地保持铁棍山药的结构，使其近乎传统的冷冻干燥。

随后，研究人员从超微结构的角度解释了 FD 4.5h 是最佳水分转换点的原因（图 3.8）。主要是因为此时为升华干燥的结束阶段，样品中已没有明显的冰

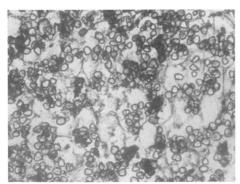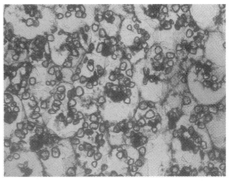

(a) 新鲜样品浸泡处理后样品

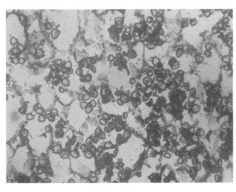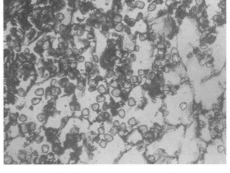

(b) FD 样品 　　　　　　　　　　(c) FD(4.5h)+MVD 样品

图 3.8　不同干燥方式铁棍山药光镜图（200 倍）

晶存在。另外，对 FD 2h 和 FD 3.5h 的铁棍山药也进行了超微结构的研究（图3.9），因为此时样品中仍有冰晶存在，所以分析了样品带着冰晶直接微波真空干燥和将冰晶融化后微波真空干燥两种情况，发现融化后的样品能够更好地保持原有的细胞结构，这是因为在微波场中，冰的介电常数和介电损耗均低于水，导致冰对微波的吸收较差。另外，FD 3.5h 的融化样品好于 FD 2h，这是由于 FD 2h的样品水分含量更高，吸收的微波能更多，过多的微波能导致结构的破坏更为明显。

　　研究人员通过对铁棍山药的联合干燥研究，发现其非常适合采用联合干燥的方法进行干制，对比其他原料的特性，这应该与其自身的结构有很大的关系，首先要有比较规则的蜂窝状结构，其次，淀粉的存在会增强细胞的抗皱缩能力，在此假设的前提下，项目组成员又对类似结构的马铃薯和香蕉进行了联合干燥研究，结果与预期一致，此类原料在进行 FD-MVD 时，水分转换点均可以提前，因为有淀粉颗粒作为支撑，融化后外观依然保持良好。

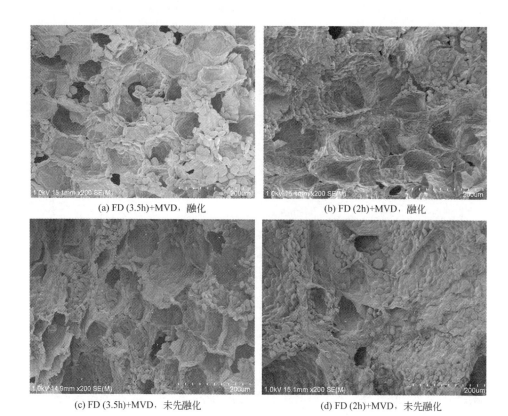

(a) FD (3.5h)+MVD，融化　　　　　　　(b) FD (2h)+MVD，融化

(c) FD (3.5h)+MVD，未先融化　　　　　　(d) FD (2h)+MVD，未先融化

图 3.9　不同水分转换点的铁棍山药电镜扫描图（200 倍）

3.4　典型食品的微波冻干技术

3.4.1　牛骨Ⅰ型胶原蛋白的微波冷冻干燥

每年中国有超过 300 万吨的牛骨废料作为不可食用的副产品被丢弃。以前的研究已经明确了动物骨骼中含具有生物活性的营养成分，许多研究也已在大量利用动物骨骼中蛋白质的基础上进行。最近，开发由废弃的动物骨骼获得胶原蛋白的环境友好型处理方法受到了极大的关注。事实上，蛋白质中胶原蛋白最多，且此类蛋白质大约占牛骨总重量的 20%～30%，因此，牛骨可能会是生产高品质胶原蛋白产品的一种良好资源。据报道，Ⅰ型胶原蛋白（动物骨骼中的典型胶原蛋白）已从牛骨中成功提取，并被胶原蛋白酶水解。

胶原蛋白及其肽片段作为畜牧业副产品被大量生产。Ⅰ型胶原是骨组织中最丰富的有机基质成分。据报道，胶原蛋白降解所得的胶原蛋白肽具有多种工业和医学价值的生物活性。胶原蛋白作为药物、饮料、食品、化妆品和多种保健品中的一种成分经常在大众媒体上被宣传。一般情况下，经过提取后，胶原蛋白应被制成具有安全含水量的干粉。这种干粉可以存储在环境温度下，且很容易与其他成分混合。胶原蛋白的理化特性及功能特性受其分子结构、分子量和加工条件的影响极大。它的三螺旋结构就像自然条件下的绳子，每一个胶原链由一个左手螺旋和一个三股缠绕而成的右手超螺旋结构链接。此外，纤维状胶原蛋白分子的螺旋区域具有热敏性。据报道，经冷冻干燥所得的蛋白能够更好地保留其原有结构，因为它们受到较少的热与水蒸发相应的压力作用。目前，冷冻干燥（FD）一般被认为是干燥胶原蛋白的最佳方法。然而，冷冻干燥法价格昂贵且生产干燥过程中能耗较高，因而在工业生产上的应用受到限制。因此，寻求一种低成本的新技术来生产高品质的胶原蛋白产品是很有必要的。

众所周知，微波是一种电磁波，且已经作为一种热源广泛地应用于食品工业。微波可以穿透物质，即不借助热梯度便可加热产品，这在干燥方面有很积极的影响作用。作为冷冻干燥的热源，在真空条件下，微波可以加热容积大的物质，并可大大提高冷冻干燥的速率，这种技术称为微波冷冻干燥（MFD）。截至目前，微波冷冻干燥仍鲜有报道。Chen 等用微波冷冻干燥方法干燥了一些液体物质，比如水溶性药用辅料、甘露醇溶液和脱脂牛奶。Duan 等成功地用此法干燥了海参及苹果。这些研究都表明了与冷冻干燥相比，微波冷冻干燥能够有效地减少干燥时间。然而，微波在高真空条件下可能会导致电晕或等离子体放电，产品中的冰随之融化，从而出现过热和质量恶化的现象。Duan 等设计了微波谐振腔作为一种有效的多模谐振腔，使电场分布更均匀。

虽然微波冷冻干燥能够大大减少干燥时间，但微波加热对功能性胶原蛋白的天然结构的影响仍不能确定。至今尚未找到微波冷冻干燥对胶原蛋白功能特性的具体影响。在目前的工作中，微波冷冻干燥技术被用来从干燥牛骨中提取Ⅰ型胶原蛋白。本文旨在探究微波冷冻干燥对牛骨胶原蛋白结构的影响。在微波冷冻干燥胶原蛋白的过程中提出了一个合适的高真空条件下可以避免等离子体放电的附加方案。

3.4.1.1 微波冷冻干燥机

某款多功能微波干燥机是由本文作者研发的，用于微波冷冻干燥和冷冻干燥试验。为了避免微波场分布不均匀，将三磁控管分别放在不同角度。磁控管的功率可连续调整。干燥样品时的温度可用 PI1 型光纤探头（0.4mm）监测，这种探头用于微波场中。在冷冻干燥腔，用 2mm 的热电偶来监测样品温度。

3.4.1.2 电晕放电试验

电晕放电的原因是空气离子化产生等离子体，这个过程在低压条件下很容易发生。这种放电是不良现象，因为它消耗过多的微波能量，且等离子体也会导致物料燃烧。此外，它会破坏谐振腔中电磁场的均匀分布，并产生强回声的电磁波，这也会对磁控管有损伤。

冷冻样品分为 4 组并在冷冻干燥室中冻干（80Pa、60℃），然后分别在不同时间取出每组样品，以获取不同初始含水量的样品（15％、30％、55％和 90％，湿基）。每组样品均重 300g，放入微波冷冻干燥室在不同的次气压条件下（20Pa、40Pa、60Pa、80Pa、100Pa、150Pa 和 300Pa）用微波进行加热。当压力稳定时，对微波能量施加功率源，从 150W 开始依次递增 50W，直至发生电晕放电。此时的微波功率水平被定义为临界放电功率。

为了探究临界放电功率在整个微波冷冻干燥过程中的变化趋势，将另外一组重 300g 的样品于 80Pa、600W 条件下进行微波冷冻干燥。通过上述方法，在整个微波冷冻干燥过程中，临界放电功率每 30min 被检测到一次。样品脱水至最终含水量达 3％。

3.4.1.3   干燥试验

（1）冷冻干燥

将 300g 冷冻物料置于托盘放入冷冻干燥室，加热温度设为 60℃。干燥过程中将干燥室压力设为 80Pa，并将冷阱温度保持在 −40℃。样品脱水至最终含水量达 3％。在这种情况下，冷冻干燥过程的总干燥时间为 20h。

（2）微波冷冻干燥

冷冻样品在微波冷冻干燥下也被干燥至最终含水量为 3％。试验中，使用了三种微波功率加载方法。一种方法是在一个固定的微波功率（2W/g）下进行，记为 S1。另外两种方法是基于不同干燥阶段（1.5W/g-2.5h、2.5W/g-3h、1.5W/g-1.5h；2W/g-1.5h、3W/g-2h 和 1W/g-2.5h）来进行，依次记为 S2 和 S3。之后将干燥样品用铝箔袋抽真空保存以备下一步检测。

上述微波冷冻干燥过程在 80Pa 腔压和冷阱温度为 −40℃ 的条件下进行。

上述所有试验均重复 2 次，取平均值进行分析。

3.4.1.4   样品分析

（1）水分含量

样品的水分含量由在真空炉中 60℃ 条件下烘干至恒重测得。试验均重复 3 次以获得合理的平均值。经试验测得样品的初始含水量大约为 90％。

（2）胶原蛋白的转变温度

差示扫描量热法（DSC）是用 DSC-7 模型（Perkin-Elmer，美国）在超高纯度氮气环境下进行的。使用铟的温谱图进行温度的校准。分别取不同的干燥样品

5～10mg 置于 Perkin-Elmer DSC 铝盘，密封。空盘作为空白对照。样品在 25～120℃ 范围内以 5℃/min 的速率进行扫描。最大转变温度（T_{max}）由吸热峰所对应的最高温度估算得出。

（3）傅里叶变换红外光谱（FTIR）分析

取 2mg 依次经过冷冻干燥处理和 S3 处理的样品置于装有约 100mg 溴化钾（KBr）的圆盘中进行傅里叶变换红外光谱试验。用 IR-435 型红外分光光度计（Shimadzu Co，日本）以每点 2cm^{-1} 的数据采集从 4000cm^{-1} 到 400cm^{-1} 的数据来获得所有光谱。

（4）SDS-聚丙烯酰胺凝胶电泳（SDS-PAGE）

分别取不同的依次经过冷冻干燥处理和 S3 处理的样品，通过 Laemmli 所描述的方法，用 12％ 的聚丙烯酰胺凝胶进行 SDS-聚丙烯酰胺凝胶电泳。蛋白条带可经考马斯亮蓝 R-250 染色直观显示。

（5）吸水能力测定（WAC）

取 1g 干燥样品于一个预先称重的干燥皿（$d=10cm$）中，放置于恒温箱，保持相对湿度为 85％［饱和 $(NH_4)_2SO_4$］，温度为 30℃。干燥皿每 6h 称重一次，直至变化量非常小或可忽略不计。吸水能力的计算公式见公式（3.1）：

$$WAC(g 水/g 样品)=(W_1-W_0)/W \tag{3.1}$$

式中，W_0 为干燥皿质量，g；W_1 为干燥皿、样品及所吸收水分的总质量，g；W 为初始样品质量，g。

（6）统计分析

根据 Tukey 的公正显著差异法（HSD），方差分析（ANOVA）和平均比较法均在 0.05 的显著水平进行。此分析运用 Windows 版本的 SPSS 统计软件系统（10.0 版）进行。

3.4.1.5 微波临界放电功率与干燥过程的关系

由图 3.10 可以看出，微波冷冻干燥胶原蛋白过程中，在 100～200Pa 压力范围内，很容易发生电晕放电。当腔压约为 100Pa 时，微波临界放电功率达到最低值。因此，为避免电晕放电，应将压力范围设置至 100Pa 以下。如图 3.10 所示，在固定的压力条件下，一般水分含量较高的样品，其临界放电功率也较高。水分含量低于 55％ 时，水分含量对临界放电功率影响显著。并且尤其是当水分含量低于 30％ 时，更易发生空气放电。因此，微波冷冻干燥过程中必须依据水分含量的变化精确控制微波功率。

干燥过程对微波临界放电功率有明显的影响（图 3.11）。在开始阶段，即水分含量在 90％～40％ 范围内，临界功率相对较高，所以发生空气放电的可能性较小。研究表明，电晕放电容易发生于结束阶段，且这种现象不同于其他材料。

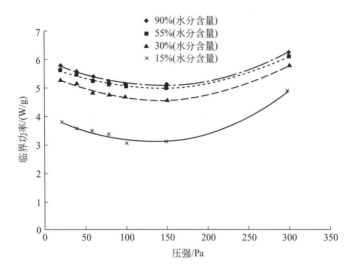

图 3.10　微波临界放电功率与压力及水分含量曲线

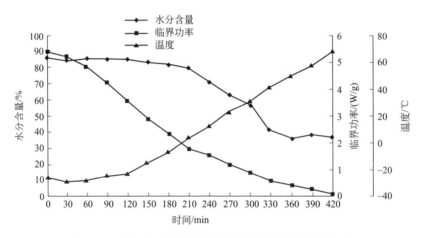

图 3.11　微波冷冻干燥过程中微波临界放电功率的变化

　　这说明冷冻的胶原蛋白在微波冷冻干燥的初级阶段也有较高的微波功率吸收能力。一般而言，冷冻材料具有低损耗因子，导致微波吸收能力低。然而，由图3.11可知，虽然样品的温度低于－15℃，但其临界功率仍然较高。其原因可能是温度对胶原蛋白的损耗因子影响不显著。图3.11表明，当水分含量低于20%时应严格控制微波功率，以此避免电晕放电。

3.4.1.6　微波冷冻干燥胶原蛋白的特性

　　由图3.12可知，微波冷冻干燥过程所需时间少于7h，且与冷冻干燥过程相比，其干燥时间大大缩短。在此项研究中，整个冷冻干燥过程持续 20h。这是因为在冷冻干燥过程中热传递速率较低，而且在干燥过程中形成了液态水使得干燥时间较长。经计算，微波冷冻干燥的干燥时间比传统冷冻干燥时间短 60％左右。

在冷冻干燥过程中，材料的温度曲线十分重要，因为它反映了大致的干燥阶段。从图 3.12 可以看出，胶原蛋白的微波冷冻干燥过程中升华阶段进行了大约 3h，大部分的水在这一阶段被去除。当水分含量达到 40％以后，温度上升速度加快。

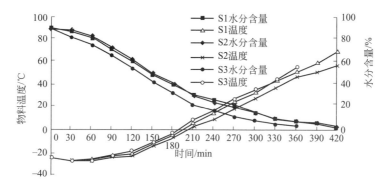

图 3.12　不同干燥因素对干燥过程的影响

此外，还发现升华阶段处于不同微波功率条件下，温度没有显著差异。因而较高微波功率可以应用于此阶段来提高干燥速率。在结束阶段，如图 3.12 所示，水分含量低于 40％时，微波功率对温度有极大的影响。事实上，在这个阶段自由水已被去除，少量的能量增加即可使温度迅速上升。

很明显地，固定微波功率方案（即 S1）在干燥结束阶段使温度相对较高，这导致其品质有所退化。这一特性也可以通过图 3.13 验证，它说明了不同微波加载方案在热转变温度和吸水能力方面对胶原蛋白品质的影响。这个固定方案会产出更低的转变温度和吸水能力。一个原因可能是在结束阶段，高温在某种程度上破坏了胶原蛋白结构，如图中降低的转变温度所示，它导致胶原蛋白的热稳定性降低。另一方面，断裂的胶原蛋白结构也会导致吸水能力降低。此外，改变微波的方案可获得与冷冻干燥一样的高品质产品，因为结束阶段的温度较低。

总而言之，考虑到效率和质量，在升华阶段应采用较高的微波功率，而较低的微波功率则用于结束阶段。如图 3.13 所示，S3 方案是一个典型的改变微波加载方案，它可以大大缩短干燥时间并获得高品质的产品。

3.4.1.7　干燥胶原蛋白的特性

冷冻干燥和微波冷冻干燥胶原蛋白的 SDS-聚丙烯酰胺凝胶样品的电泳结果

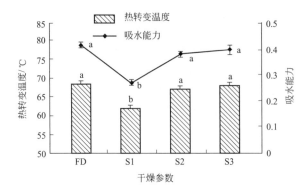

图 3.13　干燥参数对胶原蛋白热稳定性和吸水能力的影响

[a、b 不同字母表示显著差异（$p < 0.05$）]

如图 3.14 所示。对比带 1 和带 2 可知，微波冷冻干燥能够得到同冷冻干燥相似的电泳迁移率，这表明微波冷冻干燥能够得到与冷冻干燥相同结构的凝胶蛋白。可以看出冷冻干燥与微波冷冻干燥得到的蛋白质都有至少两个不同 α 链以及交联链。牛骨胶原蛋白的亚基 α_1 的分子量为 118000，亚基 α_2 的分子量为 110000。这一实验结果同其他骨胶原蛋白结果相似。两种不同亚基的存在暗示着牛骨的胶原蛋白主要是 I 型胶原蛋白，而且干燥处理对其自然结构有着很好的保留。

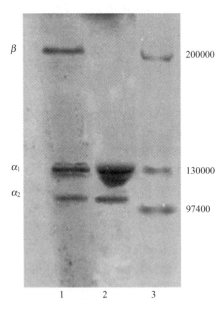

图 3.14　冷冻干燥和微波冷冻干燥胶原蛋白的 SDS-
聚丙烯酰胺凝胶样品的电泳图

1—冷冻干燥胶原蛋白；2—微波冷冻干燥胶原蛋白；3—标记蛋白

图 3.15 是冷冻干燥和微波冷冻干燥胶原蛋白的红外光谱图。可以发现这两个光谱图具有极佳的重叠性，这意味着它们的结构具有很显著的一致性。两种样品的酰胺 A 均在 $3330cm^{-1}$ 处有最大的吸收峰，这一发现与 Muyonga 等的研究一致。这一吸收带的主要原因是 OH 和 NH 结构中氢键的收缩振动造成的。酰胺 I 带，主要产生于蛋白质酰胺 C═O 伸缩振动，表明在样品中最大红外吸收是在 $1653cm^{-1}$ 处。酰胺 I 带几乎重叠，表明其分子有序程度具有相似性，这说明两个样品有大量的三螺旋结构。酰胺 I 带的特征吸收峰在 $1545cm^{-1}$ 处，这是由于 C—N 的伸缩所造成的。因此，所有的特征吸收频率表明微波冷冻干燥胶原蛋白可获得与冷冻干燥一样的天然结构。

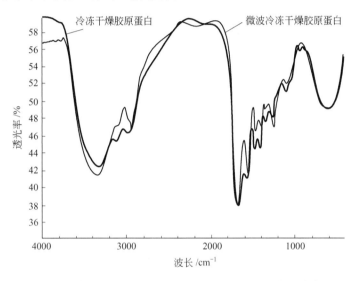

图 3.15 冷冻干燥和微波冷冻干燥胶原蛋白的红外光谱分析

3.4.1.8 结论

正如预期的那样，在纤维形成的胶原蛋白分子螺旋区域有热敏感特性。冷冻干燥可以维持胶原蛋白的天然结构，但是所需的干燥时间过长。如果根据不同的干燥阶段，通过严格控制微波功率来避免电晕放电和过热现象的发生，微波冷冻干燥也能获得同冷冻干燥一样的高品质产品。为了避免电晕放电并缩短干燥时间，可在升华阶段采用较高的微波功率，而较低的微波功率则用于结束阶段。

3.4.2 苹果片的微波冷冻干燥

在中国乃至世界各地的水果产品中，苹果都具有极大的市场份额。2007 年，全世界的苹果产品约 6430 万吨，其中最大的苹果生产国是中国。苹果消费方式较为多样，如新鲜水果或者果汁、果酱、苹果干等。中国是最大的干燥果蔬出口国，其中干燥苹果干出口到很多国家，如美国、日本、欧洲等。

在中国，热风干燥是最常用于干燥苹果片的干燥方法。然而，较长的干燥时间、高温、高空气流速都是该干燥方法的不利条件。热风干燥会导致样品生物成分的降解和产品质量的退化劣变。与其他干燥方法相比，冷冻干燥是最好的保持各种食品营养、色泽、结构和风味的干燥方法，同时因其独有的多孔结构也使得FD制品具有较强的复水能力。因此，在世界范围内冷冻干燥产品的市场占有率在逐年增加。可是，冷冻干燥是一种昂贵的干燥方法，高成本的干燥过程限制了它的进一步推广应用。因此，寻找一种以低成本取得高质量产品的干燥方法是非常迫切的。

微波是一种电磁波，可以作为热源被用于食品工业中。微波可以穿透物料，也就是说，在没有温度梯度的情况下也可以对产品进行加热，这一特性应用于食品干燥领域具有明显的节能效果。作为冷冻干燥的加热热源，微波在真空环境中依然可以对物料进行整体加热，因此大幅度地提高了冷冻干燥速率，也可称为微波冷冻干燥技术（MFD）。目前关于MFD的报道较少，且大部分研究都集中在热质传递模型方面，只有少数研究是针对具体的食品原料的微波冷冻干燥。例如，王朝晖、施明恒对牛肉的微波冷冻干燥进行了初步试验；有人利用微波冷冻干燥液体材料，如药制剂、甘露醇溶液和脱脂牛奶；Duan等利用微波冷冻干燥对海参进行脱水处理。这些研究成果表明微波冷冻干燥相比于冷冻干燥可以极大地减少干燥时间。但是在过去的几十年里，该技术仅限于实验室规模的，还没有应用于工业中。关键问题之一是微波场本身分布不均导致干燥材料中温度分布不均，容易导致过度加热和品质劣变。另一个突出问题是微波在高真空环境下可引起低压气体放电，从而导致产品烧焦或设备损坏。

为了解决这些问题，Duan等设计了一个有效的多模谐振腔，可以使电场分布较为均匀，同时还发现其低压放电现象与微波功率密度以及干燥压力之间具有密切关系，所以在MFD过程中必须采用一个适合的微波功率加载方案。实际上，如何在MFD过程中加载微波功率主要取决于微波和食品之间的相互作用。

食品原料的介电特性是导致微波和食品之间相互作用的主要物理因素。食品原料可以看作是非理想电介质，其既可以储存也可以消耗来自交变电磁场的电能，并且该特性还可以以一个复数形式的相对介电常数表达出来。

频率、温度、盐含量、水含量和水分状态（冻结水、自由水或结合水）是影响农产品材料和生物材料介电性能的主要因素。在MFD过程中，随着干燥进行，物料介电特性将会动态变化，这将导致产品微波吸收能力的变化。因此，MFD中过度加热和低压放电等问题和物料的介电特性是相关的。

目前还未见MFD中关于食品介电特性影响描述的报道。本节主要目的是将MFD技术用于干燥苹果片，通过研究水分含量和温度对苹果介电特性的影响，从而在MFD过程中避免高真空下条件下的低压放电问题，同时提出合适的微波功率加载方案。

在中国乃至世界各地的水果产品中，苹果都具有极大的市场份额。2007年，全世界的苹果产品约 6430 万吨，其中最大的苹果生产国是中国。苹果消费方式较为多样，如新鲜水果或者果汁、果酱、苹果干等。中国是最大的干燥果蔬出口国，其中干燥苹果干出口到很多国家，如美国、日本等。

3.4.2.1　低压放电试验

低压放电原因是气体在微波作用下的电离，该过程在低压下极易发生。在干燥过程中，这样的放电现象会大量消耗微波能，还可以使食品烧焦。此外，它还能破坏谐振腔内微波场分布的均匀性，产生强反射微波并破坏磁控管。

试验时样品分为两组。其中一组样品称重 300g，放在微波冷冻干燥仓内，在不同的压力（20Pa、40Pa、60Pa、80Pa、100Pa、150Pa、300Pa）下干燥。起始微波功率取 150W，并且以每次 50W 的幅度增加微波功率的加载量，直到放电现象发生，此时的微波功率可确定为临界放电功率。

另一组样品称重 300g，在 60Pa 干燥压力和 750W 微波功率条件下进行微波冷冻干燥处理。在这过程中，每 30min 用上述方法来测量临界放电功率。当达到最终含水量（7%，湿基）时，样品干燥结束。

干燥过程中冷阱温度维持在 -40℃。

3.4.2.2　干燥实验

（1）冷冻干燥

把冻结的物料（300g）和托盘放在冷冻干燥室内。加热板温度设定为 60℃。在干燥期间干燥室内压力 60Pa，冷阱温度维持在 -40℃。当达到最终含水量（7%，湿基）时，样品干燥结束。

（2）微波冷冻干燥

样品在 -20℃条件下冷冻至少 8h，在 MFD 仓内干燥至最终含水量 7%（湿基）。在实验中，分别使用两种微波功率加载方案。其中一种是根据物料介电特性的变化加载微波（3W/g-2h、2.5W/g-2.5h 和 1.5W/g-1.5h），另一种方案是根据固定微波功率（2.5W/g）。

所有的 MFD 处理都是在 60Pa 的干燥压力和 -40℃的冷阱温度下进行的。以上所有实验重复 2 次，取平均值进行分析。

3.4.2.3　分析测试

（1）含水率

在 60℃真空干燥箱内干燥，每隔一定时间取出在万分之一天平上称重，直到苹果片达到恒重，便可以确定其含水量。试验重复 3 次取平均值。测得样品初始含水量大概为 86%（湿基）。

（2）介电特性测量

本文采用美国材料测试协会（ASTM）所采用的谐振腔微扰法，测试系统如图 3.16 所示，主要由 Agilent E8362B 矢量网络分析仪和矩形波导谐振腔组成。谐振腔选用 WR430 型波导，工作模式为 TE105，工作频率为 2450MHz。本方法的测定原理为有耗介质的介电常数实部会引起谐振频率的偏移，虚部会引起谐振腔品质因数的改变。在试验中，苹果样品在 60℃加热板温度条件下 FD 脱水，在干燥不同时期取出部分物料，从而获得不同最终含湿量（湿基为 7%、16%、26%、36%、46%、56%、66%、76% 和 86%）。然后把样品粉碎后放在玻璃管内并插入到谐振腔壁上直径为 5mm 的孔中心。在检测过程中，不同含水率的样品在 25℃条件下用于检测介电特性，新鲜样品（86%，湿基）用于在不同温度（－35℃、－25℃、－15℃、－5℃、5℃、15℃、25℃、35℃、45℃、55℃、65℃、75℃ 和 85℃）下测量介电特性。在组织捣碎匀浆机中打浆后，装填入测试所用玻璃管待用。各样品置于恒温箱中恒温后，依次放入谐振腔，先放入空玻管（内径 3mm），再放入盛有各种样品的玻管，矢量网络分析仪扫频从 2.25GHz 到 2.55GHz，记录各情况下谐振腔的谐振频率及传输系数 S21。每种样品 3 次取样重复测量，最后结果取平均值。

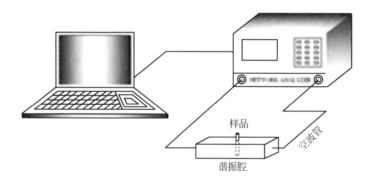

图 3.16　介电特性测定系统示意图

结果代入下式，可计算介电常数实部值和虚部值。

$$\varepsilon'_r = 1 + \frac{(f_t - f_1)}{2f_t} \frac{V_c}{V_s} \tag{3.2}$$

$$\varepsilon''_r = \frac{1}{4} \frac{1}{Q_t} (10^k - 1) \frac{V_c}{V_s} \tag{3.3}$$

式中　f_t——加载空玻管后的谐振频率，Hz；

　　　f_1——加载玻管和物料后的谐振频率，Hz；

　　　V_c——谐振腔体积，$V_c = 108.2 \times 54.6 \times 366.7 = 2166360.92 mm^3$；

V_s——样品体积，$380mm^3$；

Q_t——谐振腔加载空玻管后的品质因素，$Q_t = \dfrac{f_t}{(f_{t+3dB} - f_{t-3dB})}$，$f_{t\pm3dB}$

表示谐振点衰减下降 3dB 处所对应的左右两个频率值。

$k = \dfrac{1}{20}(S21_t - S21_1)$，$S21_t$ 为加载空玻管时的传输系数，$S21_1$ 是加载样品时的传输系数。

（3）色泽评价

产品的外观色泽由色差计（WSC-S 型，上海申光仪器仪表有限公司，上海）来测定。颜色测量数值由 Hunter 参数 L（亮度/暗度）、a（红度/绿度）和 b（黄度/蓝度）来表示。在干燥过程中苹果非常容易发生褐变，所以干燥苹果的颜色可描述为褐变的程度。褐变程度可由 L 值的改变来确定，$L=0$ 表示纯黑色，$L=100$ 表示纯白色。每个实验重复 3 次。

（4）复水率

干燥样品在 25℃蒸馏水中浸泡 5min，放入布氏漏斗的滤纸上，布氏漏斗置于抽滤长颈瓶上，长颈瓶与循环水真空泵相连，用真空泵抽真空 30s，除去样品表面水分，取出迅速称重，整个过程不超过 1min。每样重复 3 次，取平均值。复水率是通过 W_r/W_d 估算的，W_d 和 W_r 分别表示样品复水前和复水后的重量（g）。

（5）感官评价

干燥样品感官评价是由非专业 9 人品尝小组进行评价。基于样品颜色、外观、质地、风味和所有可接受的品质，品尝小组成员对每个样品品质按照 10 分制进行打分评估，其中 9～10 表示非常喜欢，7～8 表示喜欢，5～6 表示一般，3～4 表示不喜欢，1～2 表示非常不喜欢。最终分值为小组分数平均值。

3.4.2.4 水分含量和温度对苹果介电特性的影响

如图 3.17 所示，苹果介电常数和介电损耗系数为水分含量的函数。25℃下，随着水分含量从 7%增加到 86%，介电常数 ε' 从 6.2 增加到 65.5，同时损耗系数从 0.5 增加到 9.4。本实验中水分含量对介电常数、损耗因子的影响与 Martin-Esparza 等研究报道相一致。他们还发现，存在于食物孔隙中的空气量可能对介电性能有一定影响。然而在 MFD 中，由于物料处于高真空条件下，这些因素没有显著影响。根据 Martin-Esparza 等的研究结果，可移动水对物料的介电电损耗系数具有显著影响。图 3.17 显示，水分含量在 7%～26%，介电损耗系数急剧增加，而水分含量在 46%～86%时，介电损耗系数增加缓慢。水是偶极性化合物，比食品物料的其他成分损耗更多的交变电场能量，因此，随着

MFD进行，苹果片含水量变化将导致微波吸收能力的变化。含水量在46%～86%与低于26%相比，前者介电损耗系数增加的速率较低，这表明含水量在高于46%时，较大功率的介电加热是可行合理的。因此，在MFD初期阶段，由于含水率较高，微波可以得到有效利用。另一方面，较低的介电损耗系数意味着微波不能被有效地消耗，容易产生低压放电现象。

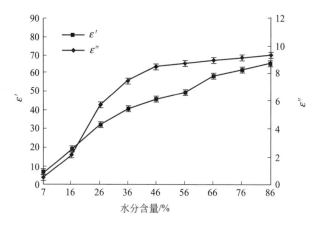

图3.17 水分含量对苹果介电特性的影响

如图3.18所示，苹果介电常数和介电损耗系数为温度的函数。图3.18表明，相对于温度（尤其是高于−5℃时）的影响，水分含量对介电常数的影响更为显著。Funebo和Ohlsson研究报道了类似的变化趋势，即介电常数随蘑菇温度的变化而变化。Wang等发现苹果介电损耗系数随着频率增大而降低，而介电损耗系数随着温度（20～60℃）升高几乎呈现直线增加，这和Kristiawan等报道结果一致。图3.18中可以看到同样的变化趋势。当温度高于−5℃，介电常数随着温度升高而慢慢地降低，但是温度从−15℃升至−5℃期间，介电常数急剧增加。

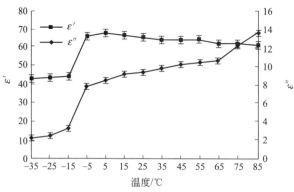

图3.18 温度对苹果介电特性的影响

介电损耗系数是由两部分组成：偶极损耗和离子损耗。偶极损耗是水分子偶极转动产生的，离子损耗是离子迁移产生的。通常当样品在−15℃以下自由水被冻结，偶极损耗和离子损耗降低。由图 3.18 可见−25℃时苹果的介电损耗系数值只有约 2.5。所以，在 MFD 初始阶段，升华是在食品冻结状态下进行的，介电损耗系数较小，故其吸收微波能力差。此外，当温度超过 65℃，介电损耗系数急剧增加，这就意味着为了避免过热或热失速，样品温度应控制在 65℃以下。这是因为高温下材料的黏度下降，导致离子迁移率增加及更高的导电性，从而使介电损耗系数增大。

3.4.2.5 临界微波放电功率与干燥过程的关系

图 3.19 表明在 MFD 过程中，80～200Pa 的压力范围最易引起低压放电。当干燥仓的压力约为 80Pa 时，临界微波放电功率是最小的，这也意味着此时最易发生放电现象。为了顺利实现冷冻干燥，实际干燥压力可以设为 50～80Pa，这个压力变化范围可以确保物料水分正常升华，同时也不容易发生低压放电现象。

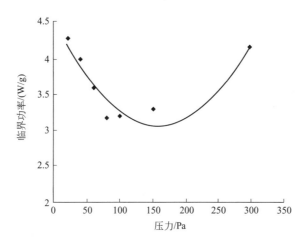

图 3.19　临界微波放电功率与干燥压力的关系

图 3.20 显示干燥过程对临界微波放电功率有明显影响。如图 3.20 所示，在 MFD 的初始和最终阶段，比较容易发生低压放电现象。而在干燥的中期阶段，即含水量从 70%降至 30%这个区间，临界微波功率相对较高。所以，为了尽量避免低压放电现象的发生，微波功率应该在 MFD 的初始和最终阶段得到较为精确的控制。这种现象可解释为由于初始和最终两个阶段物料的介电损耗系数较低，使得其微波能消耗能力也相应较低，尽管相关研究表明高水含量样品有较高的介电损耗系数。但是同时样品的温度曲线显示在初始阶段样品的温度低于

－15℃，水分呈冻结状态，这又导致其介电损耗系数降低。因此，如图3.20所示，当样品的介电损耗系数低时，容易产生低压放电。

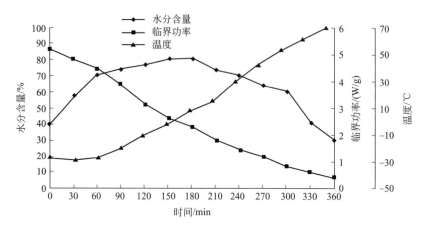

图 3.20　MFD 过程中临界微波放电功率的变化规律

3.4.2.6　微波冷冻干燥苹果片的干燥特性

如图 3.21 所示，传统 FD 干燥需要最长的干燥时间（16h）。这是因为在真空条件下，为了避免液体水形成，通过传导提供升华热，传热速率慢，干燥时间长。当然，冷冻干燥产品质量也已经得到广泛认可。与此对应，MFD 只需要 6h 即可完成干燥，比传统 FD 时间少 60%。

因为在 MFD 过程中苹果片的微波吸收特性呈动态变化，为了避免低压放电，微波功率需要根据苹果介电特性的变化而调整。不同于传统 FD 方法，MFD 过程中产品温度升高较快，升华时间相对缩短。图 3.21 显示，MFD 干燥结束阶段与升华阶段相比，样品温度升高较快。这是因为大部分自由水已经除去，导致所需升华热降低。此外，在 MFD 最终阶段临界微波功率也较低，故在最终阶段应该施加相对较低的微波功率。在 MFD 的初始阶段，大量冻结水（低介电损耗系数）需要大量升华热，应该施加高微波功率。在 MFD 中期阶段，苹果的高介电损耗系数导致微波吸收能力强，所以为了节能，应该施加相对低的微波功率。

考虑到物料介电特性在 MFD 过程的变化，动态微波功率加载方案可以在保证产品质量的前提下节约能耗。图 3.21 所示样品经历了不同功率加载方案下的干燥曲线。可以发现两个方案之间干燥速率没有明显区别。但其产品质量指标如表 3.4 所示。与施加固定微波功率方案相比，动态微波功率加载方案可明显获得更高的产品质量，而且与传统的 FD 处理产品没有明显差别。可能原因是 MFD 过程中，固定微波功率会容易导致过热，产品质量降低。

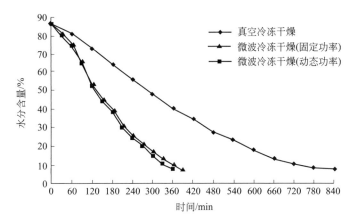

图 3.21 不同冻干方法的干燥曲线

表 3.4 干燥方法对产品品质的影响

干燥方法	L 值	复水率	感官评定分值
冷冻干燥	92.46 ± 2.82^a	4.58 ± 0.32^a	9.46 ± 0.32^a
微波冷冻(动态功率)	90.58 ± 1.85^a	4.80 ± 0.42^a	9.41 ± 0.28^a
微波冷冻(固定功率)	84.26 ± 2.12^b	4.02 ± 0.53^b	8.12 ± 0.22^b

注：字母 a、b 表示不同干燥条件下差异显著（$P<0.05$）。

3.4.2.7 结论

苹果的含水率和温度对其介电特性的影响非常显著。当苹果含水率和温度足够低时，其介电损耗系数急剧降低，这就意味着对微波吸收能力的降低。在 MFD 过程中，随着样品含水率和温度的变化，介电特性也呈动态变化，这就导致其微波损耗亦呈动态变化趋势。因此，可在 MFD 中根据苹果介电特性变化规律，精确控制微波功率。试验表明，根据样品介电特性变化的动态微波加载方案可以获得最好的产品品质，同时减少了干燥时间。

◆**参考文献**◆

[1] Duan X, Zhang M, et al. Microwave freeze drying of sea cucumber（Stichopus japonicus）. [J] Journal of Food Engineering, 2010, 96（4）: 491-497.

[2] Xu Duan, Guang Yue Ren, Wen Xue Zhu. Microwave Freeze Drying of Apple Slices Based on the Dielectric Properties [J]. Drying Technology, 2012, 30（5）: 535-541.

[3] Xu Duan, Min Zhang, Xinlin Li, et al. Microwave Freeze Drying of Sea Cucumber Coated with Nanoscale Silver [J]. Drying Technology, 2007, 26（4）: 413-419.

[4] Xu D, Wei L, Ren G Y, et al. Comparative study on the effects and efficiencies of three sublimation drying methods for mushrooms [J]. International Journal of Agricultural & Biological

Engineering, 2015, 8（1）: 91-97.

[5] Duan X, Yang X, Ren G, et al. Technical Aspects in Freeze Drying of Foods [J]. Drying Technology, 2016（11）.

[6] 任广跃, 张伟, 张乐道, 等. 多孔介质常压冷冻干燥质热耦合传递数值模拟 [J]. 农业机械学报, 2016, 47（3）: 214-220.

[7] 丁玲. 果蔬常压冷冻干燥玻璃化转变行为的研究 [D]. 洛阳: 河南科技大学, 2015.

[8] Marques L G, Prado M M and Freire J T. Rehydration characteristics of freeze-dried tropical fruits [J]. LWT-Food Science and Technology, 2009, 42: 1232-1237.

[9] 乔晓玲, 阎祝祎, 张原飞, 等. 干切牛肉冻干产品的复水品质研究 [J]. 食品科学, 2009.

[10] Gunasekaran S. Pulsed microwave-vacuum drying of food materials [J]. Drying Technology, 1999, 17（3）: 395-412.

[11] 黄略略. 冻干-真空微波串联联合干燥苹果的保质和节能工艺及模型研究 [D]. 博士学位论文. 无锡: 江南大学食品学院, 2011.

[12] 罗瑞明, 周光宏, 乔晓玲. 干切牛肉冷冻干燥中高速率升华条件的动态研究 [J]. 农业工程学报, 2008, 24（2）: 226-231.

[13] Huang L L, Zhang M, Mujumdar A S, et al. Studies on decreasing energy consumption for a freeze drying process [J]. Drying Technology, 2009, 27（9）: 938-946.

[14] 黄略略, 张慜. 草莓冻干-真空微波联合干燥节能保质研究 [J]. 干燥技术与设备, 2010, 8（3）: 105-111.

[15] 陈艳珍. 微波真空联合干燥怀山药的研究 [D]. 洛阳: 河南科技大学硕士论文, 2009.

[16] 叶晓梦, 黄略略, 乔方, 等. 铁棍山药冻干-微波真空联合干燥工艺研究 [J]. 食品工业, 2014, 35（7）: 152-155.

[17] 黄略略, 乔方, 叶晓梦, 等. 不同干燥方式对铁棍山药品质的影响 [J]. 食品工业科技, 2014, 33（11）: 1210-1215.

第4章 食品微波真空干燥技术与应用

4.1 微波真空干燥技术概述

微波真空干燥（microwave vacuum drying，MVD）也称真空微波干燥，是一种新的干燥方式，它集微波干燥和真空干燥于一体。它兼备了微波及真空干燥的一系列优点，克服了常规真空干燥周期长、效率低的缺点，在一般物料干燥过程中，可比常规方法提高工效 4～10 倍。

4.1.1 微波真空干燥的原理及特点

4.1.1.1 微波真空干燥技术的原理

微波是具有穿透能力的电磁波。微波干燥利用的是介质损耗原理，水是强烈吸收微波的物质，因而水的损耗因素比干物质大得多，能大量吸收微波能并转化为热能。物料中的水分子是极性分子，在微波作用下，其极性取向随着外加电场的变化而变化，微波场以每秒几亿次的高速周期改变外加电场的方向，使极性的水分子急剧摆动、碰撞，产生显著的热效应。微波与物料的作用是在物料内外同时进行的，在物料表面，由于蒸发冷却的缘故，物料表层温度略低于里层温度，同时由于物料内部产生热量，以致内部蒸汽迅速产生，形成压力梯度，因而物料的温度梯度方向与水汽的排出方向一致，这就大大改善了干燥过程中的水分迁移条件，驱使水分流向表面，加快干燥速度。

微波的穿透能力可用穿透深度 H_T 来表示，所谓穿透深度是指入射能量衰减到 $1/e$ 的深度，其值可按下式计算：

$$H_T \approx \frac{\lambda_0}{2\pi\sqrt{\varepsilon_r \tan\sigma}} \tag{4.1}$$

式中：λ_0 为波长；ε_r 为相对介电常数；$\tan\sigma$ 为介质损耗角因数。

由此可见，穿透深度与波长成正比，亦即与频率成反比，与相对介电常数和介质损耗因数的平方根成反比，如：95℃的水在频率 915MHz 的微波照射下，穿透深度是 29.5cm，而在 2450MHz 的微波照射下，穿透深度只有 4.8cm。可见 915MHz 的微波可加工较厚较大的物料，2450MHz 的微波适宜于加工较薄的物料。

真空干燥的机理是根据水和一般湿介质的热物理特性，在一定的介质分压力作用下，对应一定的饱和温度，真空度越大，湿物料所含的水或湿介质对应的饱和温度越低，越易汽化逸出而使物料干燥。在真空干燥中，当真空度加大，达到对应的相对较低的饱和温度时，水或湿介质就激烈地汽化。水或湿介质沸点温度的降低，加大了湿物料内外的湿推动力，加速了水分或湿介质由湿物料内部向表面移动和由表面向周围空气散发的速度，从而加快了干燥过程。

微波真空干燥技术综合了微波和真空的优点，由于加热干燥的物料处于真空之中，水的沸点降低，水分及水蒸气向表面迁移的速率更快。所以微波真空干燥既加快了干燥速度，又降低了干燥温度，具有快速、低温、高效等特点，也能较好地保留食品原有的色、香、味和维生素等，热敏性营养成分或具有生物活性功能成分的损失大为减少，得到较好的干燥品质，且设备成本、操作费用相对较低。

4.1.1.2 微波真空干燥技术的特点

综上所述，微波真空干燥主要有以下几方面的特点。

① 高效易控 微波真空干燥采用辐射传能，微波可以穿透至物料内部，使内外同时受热，无需其他传热媒介，所以传热速度快、效率高、干燥周期短、能耗低。又因其加热的能量控制无滞后现象，容易实施自动控制。

② 安全高质 微波不会给被加热物料带来不安全因素，其安全性得到国际认可。微波真空干燥对物料中热敏感性成分及生物活性物质的保持率一般可达到 90%～95%，且微波真空干燥时间较冷冻干燥时间大大缩短，成品品质达到或超过冻干产品。

③ 环保低耗 干燥过程中无有毒、有害废水或气体的产生，生产环境清洁卫生。微波能源利用率高，对设备及环境不加热，仅对物料本身加热。运行成本比冻干降低 30%～40%，也低于红外干燥。

④ 适应性强 微波真空干燥对形状复杂、初含水量分布不均匀的物料也可进行较均匀的脱湿干燥。对热敏感高的物质，如一些生物药品，可采取微波与真空冷冻干燥相结合的方法，缩短干燥周期。

此外，微波还具有消毒、杀菌之功效。但在微波真空组合干燥过程中，由于微波功率、真空度或物料形状选择不当，可能会产生烧伤、边缘焦化、结壳和硬化等现象。同时，为保障设备使用的安全性，微波泄漏量应达到国际电工委员会

（IEC）对微波安全性的要求。

4.1.2 微波真空干燥过程中的传热与传质

微波本身是一种能量形式而不是热量形式，但是在电介质中可以转化为热量。能量转换的机理有多种，如离子传导、偶极子转动、界面极化、磁滞、压电现象、核磁共振等。其中离子传导和偶极子转动是介质加热的主要机理。

① 离子传导　带电粒子在外电场作用下被加速，并沿着与它们极性相反的方向运动即定向迁移，在宏观上表现为传导电流。这些离子在运动过程中将与其周围的其他粒子发生碰撞，同时将动能传给被碰撞的粒子，使其运动加剧。如果物料处于高频交变电场中，物料中的粒子就会发生反复的变向运动，致使碰撞加剧，产生耗散热（或焦耳热），即发生了能量转化。

② 偶极子转动　根据电介质的极性可将电介质分为两类：非极性分子电介质和极性分子电介质。在外电场的作用下，由非极性分子组成的电介质的分子的正负电荷将发生相对位移，形成沿着外电场作用方向取向的偶极子，因此在电介质的表面上将出现正负相反的束缚电荷，在宏观上称该现象为电介质的极化，这种极化称为位移极化。而极性分子在外电场的作用下，每个分子均受到力矩的作用，使偶极子转动并取向外电场的方向，这种极化为转向极化。外电场强度越大，偶极子的排列越整齐。

当电介质置于交变的外电场中，则含有非极性分子和有极性分子的电介质都被反复极化，偶极子随电场的变化在不断地发生"取向"（从随机排列趋向电场方向）和"弛豫"（电场强度为零时，偶极子又恢复到近乎随机的取向排列）排列。这样，由于分子原有的热运动和相邻分子之间的相互作用，使分子随外电场转动的规则运动受到干扰和阻碍，产生"擦效应"，使一部分能量转化为分子热运动的动能，即以热的形式表现出来，使物料的温度升高，即电场能被转化为热能。

水是最典型的极性分子，湿的物料因为含有水分而成为半导体，此类物料除转向极化外，还发生离子传导（一般地，水中溶解有盐类物质）。在微波频率范围，偶极子的转动占主要地位；低频率时，离子传导占主导地位。

图 4.1 表示了微波干燥和普通干燥（包括热风干燥和真空干燥等）过程中的热量传递的方向和水分迁移的方向。由图可知，普通干燥时，湿物料的温度梯度和含水率梯度，二者方向相反，即湿物料中的传热和传质方向相反。微波干燥时，湿物料的温度梯度和含水率梯度，二者方向一致，也即湿物料中的传热和传质方向是相同的。

在微波真空干燥过程中，物料内部产出热量，传质推动力主要是物料内部迅速产生的蒸汽所形成的压力梯度。如果物料开始很湿，物料内部的压力升高得非

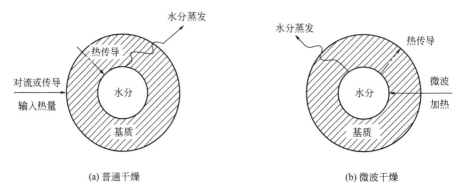

(a) 普通干燥　　　　　　　　　　　　　　(b) 微波干燥

图 4.1　微波干燥与普通干燥机理比较

常快，则液体可能在压力梯度的作用下从物料中被排出。初始含湿量越高，压力梯度对湿分排除的影响也越大，也即有一种"泵"的效应，驱使液体流向表面。真空条件下，由于低压强使得水的沸点降低，加快了水的蒸发速度，同时由于蒸发冷却，物体表面温度要低于内部温度，加快了物料内的水分移动和蒸发速度。

4.1.3　微波真空干燥动力学模型

干燥是一个非常复杂的过程，涉及复杂的热量、质量传递过程，又与物料的特性、物料的质量等密切相关。干燥动力学是研究物料湿含量、温度随时间的变化规律，从宏观和微观上间接地反映了热量、质量的传递速率。研究干燥动力学数学模型对干燥过程操作、提高产品质量具有重要的意义。

对于热风干燥薄层物料，许多学者通过不同物料的研究，总结了 3 个经验数学模型来描述干燥动力学规律。

指数模型：$\qquad\qquad MR = \exp(-kt)$ $\qquad\qquad$ (4.2)

单项扩散模型：$\qquad MR = a\exp(-kt)$ $\qquad\qquad$ (4.3)

Page 方程：$\qquad\qquad MR = \exp(-kt^n)$ $\qquad\qquad$ (4.4)

式中，k、a、n 为干燥常数；MR 水分含量的比率，$MR = (X_t - X_e)/(X_0 - X_e)$；$X_t$ 为 t 时刻时样品的含水量；X_0 是样品的初始含水量；X_e 是达到吸附平衡时样品的含水量。

① 指数模型［式(4.2)］是 Lewis 基于牛顿冷却定律建立的描述水分子运动的模型。指数模型主要考虑了物料表面边界层对水分扩散运动的阻力，忽略了内部水分子的运动。

② 单项扩散模型［式(4.3)］主要根据 Fick 第二定律，假设物料中的水分是以液态水的形式从表面向外扩散，在干燥条件一定的情况下，只取扩散方程的前一项，即得到单项扩散模型。

③ Page 方程式(4.4) 是式(4.2) 所做的修正，增加了时间 t 的一个指数。

微波真空干燥中水分的迁移包括液态水和气态水的同时迁移，而且以气态水的迁移为主，使用上面的 3 个方程来描述微波真空干燥动力学显然是不合适的。

Kiranoudis 等研究了微波真空干燥 3 种水果的干燥动力学，该研究应用了单项扩散模型，从经验的角度出发，找出影响干燥常数的主要影响因素，赋予它们各因素指数的乘积关系：

$$X_t = X_0 \exp(-k_M t)$$
$$k_M = k_0 Q^{k_1} P^{k_3}$$

式中，Q 是微波能大小；P 是压力；k_0，k_M 分别是与物料有关的常数。然后将实验结果回归得到各指数和未知常数。

东北大学王喜鹏等对胡萝卜片微波真空干燥过程的特性进行了研究，建立了微波真空干燥理想状态下的理论动力学模型：

$$X_t = X_0 - \frac{Q_m}{M_0 r_p} t \tag{4.5}$$

式中，X_t 为 t 时刻样品的含水量；X_0 是样品初始含水量；Q_m 为物料吸收的微波能；M_0 为物料中固形物含量；r_p 为水在真空度为 5kPa 时汽化潜热；t 为干燥时间。

实际生产中，影响微波真空组合干燥动力学的因素众多，如物料本身的物性差异、真空度的差异、微波穿透是否均匀、微波功率脉冲间隔、热损失及能量泄漏等。因此，对微波真空干燥动力学进行详细深入地研究，是微波真空组合干燥得以广泛应用的基础和前提。

4.1.4　微波真空干燥在食品中的应用

国外在 20 世纪 80 年代已经开始了微波真空干燥技术的研究，主要集中在美国、加拿大、德国和英国等几个国家，他们的研究为该技术在食品工业上的应用奠定了良好的基础。

Drouzas 和 Schubert 研究了微波真空干燥香蕉片。通过调节微波功率和真空度，来控制产品的干燥过程，结果发现压力小于 25MPa、微波功率为 150W、干燥时间为 30min、控制产品的干基含水率为 5%～8%时，所得到的产品色泽亮丽，口感香甜，并且没有收缩。Cui 等研究了微波真空干燥不同切片厚度的胡萝卜的温度分布及干燥过程中温度的变化，并通过引入微波真空干燥的理论模型，加以改进，结果表明干燥的微波功率分别取 162.8W、267.5W、336.5W，压力分别取 3.0kPa、5.1kPa、7.1kPa，水分含量约为 2kg/kg 干基时，干燥速率与水分含量呈线性相关。继续干燥则需要引入校正系数以使数学模型与试验数据相适应。P. P. Sutar 和 S. Prasad 等对胡萝卜进行微波真空干燥时，选用 9 个数学模型进行拟合。选定不同的微波密度、真空压力，设置干燥终点为干基含水率

4%～6%，最后显示 Page 模型最适合用来预测胡萝卜片的微波真空干燥，并且发现微波密度对干燥速率有显著的影响，真空压力对干燥速率影响不明显。Ressing 等建立了二维有限元模型用来模拟微波真空干燥条件下面团的膨化脱水过程。该模型将热与固体力学有机地耦合，指明了面团膨化的机制：干燥室与面团中空气的压力差以及面团温度上升所产生的蒸汽。它还进一步表明物料温度分布与微波的穿透深度有关。Poonnoy 等建立了人工神经网络模型，用来表示番茄片的微波真空干燥过程。该模型为微波真空干燥的研究提供了一种新的途径和方法，可以避免物料的热损伤并提高干燥效率。但是该模型在预测温度和水分含量时可能出现不准确的结果，还需要进行进一步的研究。我国在 20 世纪 80 年代后期开始对微波真空干燥进行研究。

微波真空干燥可以划分为 2 个阶段：初始干燥阶段和第二干燥阶段。与传统的冷冻干燥不同，微波真空干燥的初始干燥阶段相对较短，而且温度上升得很快；在第二干燥阶段，温度上升得更快。这是微波加热的特点。有研究显示，微波真空干燥和冷冻干燥相比可以减少 40% 的干燥时间，得到的产品品质与冷冻干燥相似。微波真空干燥除了可以加快干燥速率，还能减少产品中微生物的浓度。黄姬俊等利用微波真空干燥技术对香菇进行干燥，按去除水分的速率将干燥过程分为加速、恒速和降速 3 个阶段；微波功率和装载量对干燥速率影响显著，真空度对干燥速率影响不明显。黄艳等利用微波真空干燥技术对银耳进行微波真空干燥，选取微波强度、真空度及初始含水率等因素研究它们对干燥速率的影响，结果显示微波强度对干燥速率的影响最大。李辉等研究了荔枝果肉微波真空干燥特性，探讨不同微波功率、相对压力及装载量对荔枝果肉干燥速率的影响。结果表明：微波功率和装载量对荔枝果肉干燥速率的影响较大，而相对压力的影响不明显。魏巍等为了研究茶叶在微波真空干燥过程中水分的变化规律，以绿茶为原料，进行了微波真空干燥试验。绘制了微波功率、真空度与干燥速率的曲线，并建立了相关的干燥动力学模型。最后得出的结论是：绿茶的微波真空干燥过程可分为加速和降速 2 个阶段，无明显恒速干燥阶段；微波功率越大干燥时间越短，真空压力越低干燥速率越快。但当相对压力降到 −80kPa 后对干燥速率的影响就不明显了；刘海军为了弄清果片内部的水分分布、温度变化，利用计算机模拟的方法得出微波真空膨化过程中的传质传热数学模型及体积膨胀数学模型，用来模拟干燥过程中果片内部传质和温度变化。李维新等为了避免糖姜焦煳，建立了糖姜微波真空干燥动力学模型。以湿糖姜为原料，研究真空度、功率质量比及姜块的体积对糖姜微波真空干燥速率及品质的影响。结果显示糖姜微波真空干燥的动力学模型为指数模型，为实现糖姜的可控制工业化干燥提供了技术依据。田玉庭等选定微波强度和真空度，研究它们对干燥时间、干制品色度、多糖含量和单位能耗的影响。通过对试验数据进行多元回归拟合，建立了二元多项式回归模型，并确立了龙眼微波真空干燥最佳工艺参数为微波强度为

4W/g, 真空度为-85kPa。

4.1.5 影响微波真空干燥效果的重要因素

① 物料的种类和大小 不同种类的物料因组织结构不同, 水分在物料内部运动的途径不同, 造成微波真空干燥的工艺也不尽相同。在微波真空干燥过程中, 物料内部逐渐形成疏松多孔状, 其内部的导热性开始减弱, 即物料逐渐变成不良的热导体。随着微波真空干燥过程的进行, 内部温度会高于外部, 物料体积愈大, 其内外温度梯度就愈大, 内部的热传导不能平衡微波所产生的温差, 使温度梯度大。因此, 一般对物料进行预处理, 变成较小的粒状或片状以改进干燥的效果。

② 真空度 压力越低, 水的沸点温度越低, 物料中水分扩散速率越快。微波真空谐振腔内真空度的大小主要受限于击穿电场强度, 因为在真空状态下, 气体分子易被电场电离, 而且空气、水汽的击穿场强随压力而降低; 电磁波频率越低, 气体击穿场强越小。气体击穿现象最容易发生在微波馈能耦合口以及腔体内场强集中的地方。击穿放电的发生不仅会消耗微波能, 而且会损坏部件并产生较大的微波反射, 缩短磁控管使用寿命。如果击穿放电发生在食品表面, 则会使食品焦糊, 一般20kV/m的场强就可击穿食品。所以正确选择真空度大小非常重要, 真空度并非越高越好, 过高的真空度不仅能耗增大, 而且击穿放电的可能性增大。

③ 微波功率 微波有对物质选择性加热的特性。水是分子极性非常强的物质, 较易受到微波作用而发热, 因此含水量愈高的物质, 愈容易吸收微波, 发热也愈快; 当水分含量降低, 其吸收微波的能力也相应降低。一般在干燥前期, 物料中水分含量较高, 输入的微波功率对干燥效果的影响高些, 可采用连续微波加热, 这时大部分微波能被水吸收, 水分迅速迁移和蒸发; 在等速和减速干燥期间, 随着水分的减少, 需要的微波能也少, 可采用间隙式微波加热, 这样有利于减少能耗, 也有利于提高物料干燥品质。

4.1.6 微波真空干燥设备设计

微波干燥可以使物料内外同步受热, 具有干燥速度快、干燥均匀的特点。但是干燥温度一般在70℃以上, 容易造成物料糊化。真空干燥可以使物料在较低的温度下干燥, 很好地保护了热敏性物料的有效成分, 但是热传导速率慢, 干燥成本高。微波真空干燥是集微波干燥和真空干燥于一体的新型干燥技术, 它以微波作为热源, 可克服真空干燥热传导慢的缺点。在真空环境下对物料进行干燥, 大大降低了干燥温度, 很好地保护了物料中的有效成分。综合起来具有干燥速度快、干燥品质好、干燥成本低等优点, 是极具发展潜力的新型干燥技术。这样的优势使得微波真空干燥技术在食品、农产品和医药方面都有广泛的应用。然而现在的微波真空干燥设备存在受热不均、微波源受热易损坏、物料装载量少等缺点，为了提高干燥品质和干燥效率，新设备的研发迫在眉睫。针对这一现状，专门设计了一种微波真空干燥设备，它将波源和波导进行了一体化设计，物料盘进行了分层设计，冷阱进行了模块化设计，有效地克服了已有设备的缺点，以利于微波真空干燥得到更广泛的应用。

4.1.6.1　微波真空干燥机整体设计

如图 4.2(a) 所示，该微波真空干燥设备的外观呈长方体。在设备的正面设置了门体系统、控制系统和真空测量系统。门体上设置有可视性窗口，窗口由玻璃制成并加装了微波屏蔽金属网，既可以清楚地看清物料室内的干燥状况，又能保证微波不会泄漏。在门体的旁边设置了操作面板，用来控制设备的各个系统。门体的下方安装了真空计，用来测量真空发生室的真空度。在整个设备底部的 4个角处对称安装了 4 个轮子，以方便设备的移动。如图 4.2(b) 所示，该微波真空干燥设备的内部结构主要包括微波制热部分和真空制冷部分。微波制热部分包括微波源、波导和微波室；真空制冷部分包括真空室、真空泵、制冷机和冷阱。微波室包括微波发生室和物料室；真空室包括真空发生室和物料室；物料室为真空室和微波室交叉部分。

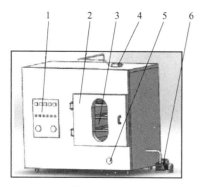

(a) 外观示意图

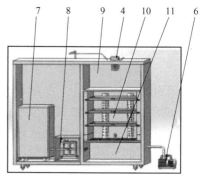

(b) 内部结构图

图 4.2　微波真空干燥设备总体图

1—控制面板；2—门体；3—门体观察窗；4—波源波导；5—真空计；6—真空泵；
7—制冷机；8—冷阱；9—微波发生室；10—物料室；11—真空发生室

该设备的工作过程为：先将需要干燥的物料放在−20℃左右进行预冷冻 2h，然后将物料放入−80℃冰箱进行速冻，确保物料中的水分都变成固态冰。接着打开仓门，将物料放入物料室的托盘中，关闭仓门和冷阱放水阀。打开真空泵抽真空，真空度达到设定值时，打开制冷机，向冷阱中注入制冷剂，确保冷阱正常工作。然后，打开微波发生器对物料进行微波加热，并开启冷阱和波源冷却装置连接处的阀门。待加热结束后，关闭微波发生器和制冷机，打开放气阀，待真空仓内的压力恢复到大气压，打开仓门取出物料。接着，打开注水阀，向冷阱中注入水，待冷阱中的冰霜全部融化后，打开放水阀，将水排出。

4.1.6.2 微波制热部分设计

如图 4.3 所示，波源和波导焊接为一个整体，上层是微波源，下层是波导，波源和波导之间设置有法兰，该法兰与微波真空干燥设备的外层金属壁焊接或螺钉连接，保证微波不会泄漏。下层的波导结构是一个由空心不锈钢管制成的弹簧结构。弹簧底部设置了不锈钢底板，以利于微波的反射。弹簧结构的螺距为 d，该距离可以使反射的微波顺利通过。这样的波导结构可以使微波在波导底板和弹簧之间复杂地反射，最后从弹簧缝隙处射出，得到的微波更加均匀。另外，微波源使用过程发热会严重影响其使用寿命，传统的自然冷却效果差，所以本波导的弹簧结构由空心不锈钢管制成，管内可以加入制冷剂对微波源进行冷却，并在波导的进口处分别设置了进口阀（图中未显示），便于控制制冷剂的进入，波导的出口是封死的，防止制冷剂泄漏。

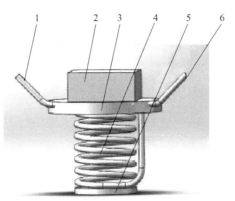

图 4.3 波源与波导的示意图
1—进口；2—波源；3—法兰；4—波导；5—不锈钢底板；6—出口

微波室包括上层的微波发生室和下层的物料室。微波发生室和物料室之间用陶瓷板隔开。因为陶瓷板对微波能的吸收可以忽略，既可以最大地作用到冻干物料上，又能防止物料中蒸发出来的水、灰尘等进入波导部分，保证设备部件的性能和使用寿命，提高微波能的转换效率。

① 微波发生室 如图 4.4 所示，微波发生室上面和四周面为不锈钢，防止微波泄漏。下面为陶瓷板，允许微波顺利进入物料室，陶瓷板与不锈钢外壁之间真空密封连接。

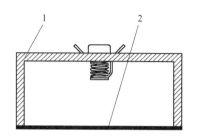

图 4.4 微波发生室的示意图

1—不锈钢外壁；2—陶瓷板

② 物料室 如图 4.5 所示，物料室为双层结构。外层由不锈钢组成，防止微波泄漏。内层由聚四氟乙烯组成，微波可以顺利地通过。物料托盘也是由聚四氟乙烯组成，既可以盛放物料又允许微波顺利通过。所述的物料托盘与物料室的聚四氟乙烯内层装配到一起，即聚四氟乙烯内层作为支架部分，物料托盘作为盛

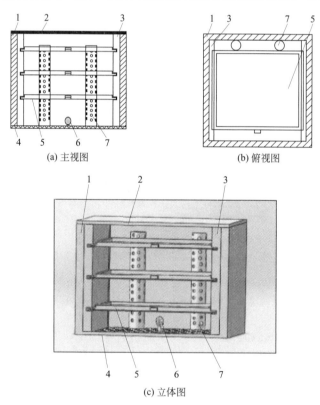

(a) 主视图

(b) 俯视图

(c) 立体图

图 4.5 物料室的示意图

1—不锈钢外壁；2—陶瓷板；3—聚四氟乙烯内壁；4—微波屏蔽板；

5—物料盘；6—测温装置；7—照明装置

料部分。物料托盘为抽屉状的，可以自由地在内层聚四氟乙烯支架上推拉，既方便物料的装卸，又可以根据实际的需要增加物料托盘的数量。物料室的下面设置有微波屏蔽板。微波屏蔽板为不锈钢金属板，金属板上均匀分布有直径为 2～4mm 的小孔。所述微波屏蔽板一方面可防止微波进入真空发生室，通过真空管泄漏，另一方面可允许物料室中的水蒸气通过，被冷阱捕捉。

另外，在微波屏蔽板上还开有允许照明设备和测温设备通过的管道，即测量装置在物料室，连接测量装置的电线在真空发生室。照明设备和测温设备的外面都设有微波屏蔽的外壳（即金属材质的外壳，上面均匀分布 2～4mm 的小孔），这样可以有效地防止测量装置打火放电。

4.1.6.3 真空制冷部分的设计

真空室包括物料室和真空发生室。物料室是真空室和微波室的交叉部分，所以这里就不再赘述。真空发生室如图 4.6 所示，四周及底面由不锈钢组成，防止微波泄漏。上面为微波屏蔽板，将物料室和微波发生室隔离。微波屏蔽板与微波制热部分所述的屏蔽板为同一个屏蔽板，所以这里也不再赘述。微波发生室的左面上设置了均匀分布的多个水蒸气捕捉口，捕捉口与冷阱相通，物料室的水蒸气通过微波屏蔽板进入真空发生室，再从真空发生室通过水蒸气捕捉口进入冷阱被冷阱捕捉，均匀分布的水蒸气捕捉口可以防止冷阱出现局部冰层过厚的现象。

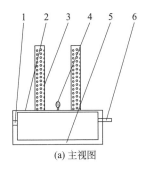
(a) 主视图
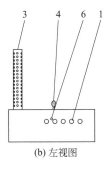
(b) 左视图
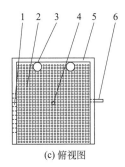
(c) 俯视图

图 4.6 真空发生室的示意图
1—水蒸气捕捉口；2—微波屏蔽板；3—照明装置；
4—测温装置；5—不锈钢外壁；6—真空管道

如图 4.7 所示，所述的真空泵由不锈钢制成。外观为近似的长方体，在泵体的最上部设置了把手以方便拿取。还设置了底座保证泵体受力平衡，可以平稳地放置。另外，在泵体上还设置了进油口和出油口。进油口为换油时注入油的地方，位于泵体上部，这样在重力的作用下可以保证油顺利地进入泵体。出油口为换油时流出油的地方，位于泵体下面，刚好与泵体油腔的底面相切，这样可以保

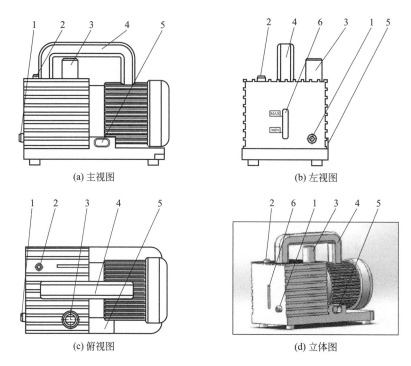

(a) 主视图　　　　　　　　　　　　　(b) 左视图

(c) 俯视图　　　　　　　　　　　　　(d) 立体图

图 4.7　真空泵的示意图

1—出油口；2—进油口；3—真空管；

4—把手；5—电源插口；6—目视镜

证油完全流出。油腔的侧面上还设置了由玻璃制成的目视镜，可以清楚地观察油腔的内部情况。目视镜上设置了最高刻度和最低刻度，方便估算加入油的量。真空管道位于最上端，与真空发生室通过管道真空密封连接。底座处设置了电源插口，用来通电驱动真空泵工作。

如图 4.8 所示，制冷机的制冷剂输出端与冷阱的进口端相连。冷阱的出口端与波导的进口端相连，使得冷阱中的冷凝剂也可以进入波导的弹簧结构中，为微波源降温，提高微波源的使用寿命。并且在冷阱与波导的连接处设置了真空阀，用来控制冷阱与波导的接通与否。冷阱与真空发生室之间设置有相通的水蒸气捕捉口，使得物料室内产生的水蒸气先进入真空发生室，再从真空发生室的水蒸气捕捉口进入冷阱，被冷凝管单元捕捉。

如图 4.9 所示，冷阱包括冷凝管单元、外壳、进水口、出水口和溢流阀。如图 4.10 所示，冷凝管单元是由空心不锈钢管组成的正方体，使得正方体的每个面都呈"田"字形，空心管之间通过无缝焊接相互连通，保证冷凝剂可以在冷凝管单元内自由流动。在正方体的前后两面的正中间分别设有冷凝剂的进出口。由于冷凝管单元的尺寸都是标准化设计，可以方便地根据干燥物料的多少来增减冷

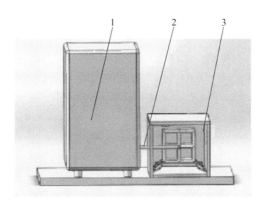

图 4.8　制冷机和冷阱连接示意图
1—制冷机；2—连接管；3—冷阱

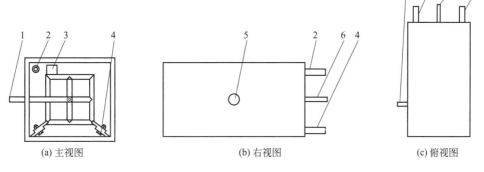

(a) 主视图　　　　　　　　　　(b) 右视图　　　　　　　　　(c) 俯视图

图 4.9　冷阱的示意图
1—冷凝管进口；2—进水口；3—溢流阀；
4—出水口；5—水蒸气捕捉口；6—冷凝管出口

凝管单元的数量，以提高冷阱的利用率。冷凝管单元的进出口处都车有螺纹，冷凝管单元之间用标准管接头连接。冷凝管单元位于冷阱外壳正中央，它们之间通过螺栓连接，冷阱外壳为长方体，四周面和后面用不锈钢制成，前面用透明玻璃制成，玻璃和不锈钢之间真空密封配合。这样的构造可以清楚地从玻璃窗处观察冷阱里面水分捕捉情况及加入水的量。干燥结束以后，水蒸气被冷阱捕捉成冰霜，附着在冷凝管单元上，此时加入常温的水可以将冰霜融化成液态水，顺利地排出。因此，在冷阱外壳的最里面设置有进水口、出水口及溢水阀。进水口位置最高，出水通道位置最低，这样可以利用重力作用方便地加水或放水。溢水阀位于进水口和出水口之间，用于防止加入的水过多溢出。

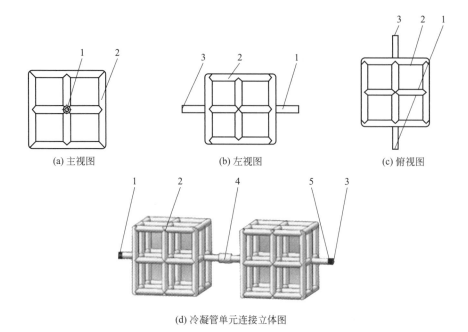

(a) 主视图　　　　　　　　(b) 左视图　　　　　　　　(c) 俯视图

(d) 冷凝管单元连接立体图

图 4.10　冷凝管单元的示意图

1—冷凝管进口；2—冷凝管；3—冷凝管出口；4—管接头；5—螺纹

4.2　荔枝微波真空干燥技术及品质

　　荔枝作为南方的特色水果之一，其果实味道鲜美，营养丰富。室温下荔枝采摘后的 72h 极易腐败变质，因此研究荔枝的精深加工尤为重要。干燥被广泛应用于荔枝的加工，最常见的是传统的热风干燥、冷冻干燥和微波真空干燥。热风干燥的荔枝果肉柔软呈深棕色，和新鲜的荔枝差别较大，常被认为是低端的荔枝干产品。冷冻干燥的荔枝果肉营养价值高呈雪白色，吃起来酥脆可口，常被认为是高端的荔枝产品。然而，冷冻干燥的高耗能和高成本严重限制了其在荔枝干燥技术上的应用。微波真空干燥作为一种新型的干燥方式，能耗低、干燥品质好，在近些年食品干制加工方面的运用越来越多。然而现在的微波真空干燥设备存在受热不均、微波源受热易损坏、物料装载量少等缺点，为了提高荔枝的干燥品质和干燥效率，新设备的研发迫在眉睫。荔枝干燥前往往需要去皮，这是因为荔枝果皮具有特殊的结构，会极大地限制水分从果肉中移除。荔枝大小不一，很难进行大规模且高效地去皮，当前荔枝去皮机设计种类繁多但原理上都大同小异，很难实现工业化，那么高效可靠的荔枝去皮机的设计就显得尤为重要。

4.2.1　荔枝微波真空干燥实验设计

以先分级再去皮为思路，结合荔枝的物理和化学特性，设计一种新型连续式荔枝分级去皮机。该设备将光束遮断式分级机构和去皮机有机地融为一体，制成光束遮断式分级机构对荔枝进行分级，运用先开口后撕裂的原理制成去皮机对荔枝进行去皮。可以连续完成荔枝加工中的分级、有序上料、割口、去皮、果实收集 5 个过程。既可以实现荔枝的连续高效分级和去皮操作，又可以保持荔枝的完整均匀形态；有利于实现荔枝分级去皮自动化，便于工业化生产。

设计一种集微波干燥与真空干燥为一体的新型装置，将波导和波源冷却装置融为一体，有效地解决了微波分布不均和微波源受热易损坏两大难题。物料室是微波室和真空室的交集，可以使物料既能受到微波辐射，又能处于真空环境中。分层设计的物料盘一方面可以方便地拆卸，另一方面可以充分地利用物料室的空间。模块化的冷阱设计，使冷阱可以根据干燥的需求自由地装卸，可以有效地提高冷阱的利用效率。该微波真空干燥设备设计巧妙，安全可靠，可以满足高品质物料的干燥加工。

以桂味、妃子笑和糯米糍 3 种常见的荔枝品种为原料，研究微波真空干燥（MVD）对荔枝常规化学指标和荔枝多糖抗氧化能力的影响，并且通过动物实验，研究粗多糖的降血糖作用。结果发现微波真空干燥条件下不同品种荔枝的含水率差别不明显；MVD 妃子笑的维生素 C 含量最高；MVD 桂味的粗多糖纯度最高。分别用 DPPH 自由基和 FRAP 法检测粗多糖的抗氧化活性，结果表明妃子笑的抗氧化能力最强。另外，小鼠的口服葡萄糖耐性试验显示，微波真空干燥荔枝粗多糖对正常小鼠血糖的降低作用不明显，却可以有效地降低糖尿病小鼠的血糖浓度。MVD 桂味对小鼠血液中的甘油三酯和总胆固醇水平的降低作用最为明显。

4.2.2　荔枝干制品品质调控研究

不同品种新鲜荔枝的一般物理化学指标之间的差别也较大，若是以多糖作为指标，会不会得到与之前不同的结论呢？目前，对于荔枝多糖的研究主要集中在结构特性、抗氧化性和功能特性。吴华慧等利用过硫酸铵 N,N,N',N'-四甲基乙二胺体系检测超氧自由基的方法研究荔枝果肉对超氧自由基的清除作用以及荔枝多糖的抗脂质过氧化物的作用。实验结果表明，荔枝果肉对活性氧具有较强的清除作用，荔枝多糖对自由基的清除作用随浓度的增加而增加，证明了荔枝多糖在抗活性氧、抗衰方面具有较强的作用。

彭刚等选取 3 种荔枝品种，分别用热水浴、微波超声协同和纤维素酶活法从热风干燥荔枝干中提取荔枝粗多糖，比较不同提取方法在多糖得率、含量以及对 ABTS 和 DPPH 自由基的清除作用等方面的差异。结果显示，热水浴法多糖提取率随温度升高而逐渐增加，但温度较高时其升幅降低；微波超声协同法液料比变化对提取率有影响，但提升幅度较小；纤维素酶活法也存在类似现象。在最优条件下纤维素酶活法具有最低的提取率和最高的多糖比率。另外，纤维素酶提取法所得多糖清除 ATBS 自由基能力较强，其次为热水浴法，最后为微波超声协同法。大部分的研究以新鲜荔枝为原料，微波真空干燥对不同品种荔枝粗多糖影响的研究未见报道。胰岛素和相关西药常被用于治疗糖尿病。事实上，传统的中药也可用于治疗糖尿病，研究发现中药具有提高胰岛和肾脏功能、促进血液循环和清除自由基的作用。中药中的生物活性成分主要有多酚、多糖、皂苷和生物碱，这些成分在荔枝中都有发现。事实上，明代李时珍在《本草纲目》中记载荔枝可以用来治病，常吃荔枝可以补脑健身，益于脾胃，补元气，可以当作产妇老弱的补品。然而，对于荔枝多糖降血糖作用的研究还很少，特别是利用动物实验进行的相关研究。

4.2.3　荔枝微波真空干燥技术

在实际生产中，荔枝干燥主要采用的是人工传统方法，集中处理的能力十分有限，既难以保证质量，也很难形成集约化经营的干燥设施以应对大面积的荔枝生产。个别地方试用太阳能干燥装置，烘干荔枝的周期约为 8 个晴天日，生产周期太长，难以满足大量鲜果集中干燥的需要。近几年，出现了一些柜式、隧道式以及一些以燃煤、燃油为热源的箱式荔枝干燥机，但由于这些干燥机的能量利用不合理，从而使大量高品位能量无谓贬值，并给荔枝产区带来不容忽视的环境污染；其次是过程控制相当粗糙，自动化程度低，干燥效率不高；在此方面的干燥设计理论研究还跟不上荔枝生产发展的要求，对荔枝的质量保护和去水机理了解不够，设计和处理工艺技术创新不够。现在还有利用负压下红外线辐射干燥技术对荔枝进行干燥，因为干燥温度低，干燥周期短，必然会提高产品品质。此种干燥方式，被日本人称为绿色去水。农产品在负压红外热辐射下快速去水技术，亦被日本人誉为超强自然阴干干燥。但对负压红外热辐射的本质、负压红外热传递的机理至今还没有真正搞清，负压下红外热辐射的供能方式与荔枝果间作用机理和理论的研究还是一块空缺。所以目前还处于研究的初始阶段，并没有得到广泛的应用。目前，应用最广的是荔枝的热风干燥设备，但是存在干燥时间长、干燥品质差等缺点。微波真空干燥近年来以其特有的优势受到人们的青睐，对于微波真空干燥设备的研发也日渐增多。

当前市场对高品质脱水产品有较高的要求，需要干燥后的食品能够高水平地保持新鲜产品的营养和感官特性。新干燥产品所需要的新技术需要有更高的产量、更好的品质及品控、较少对环境的影响、更低的成本及更安全的操作。冷冻干燥是目前获得干燥品质最好的干燥方法。尽管它具有无可比拟的优势，但是由于能耗高、操作及维护成本高，冷冻干燥被认为是获得脱水产品最昂贵的方法。研究表明，冷冻干燥每移除1kg水分所需要的基础能量几乎是传统的干燥方式的2倍。众所周知，微波加热的均匀性极大地提高了干燥效率。冷冻干燥和微波干燥结合在一起被称为微波真空干燥。与冷冻干燥相比，微波冷冻干燥极大地缩短了干燥时间，这使得它可能代替传统的冷冻干燥。微波冷冻干燥几乎可以获得与冷冻干燥相同的产品品质，但是在实际生产中仍有许多问题需要解决。微波冷冻干燥面临的主要问题有尖端放电和加热不均匀。

为了彻底地弄清楚在微波真空干燥期间，微波能量、物料含水率和温度升高之间的关系，对干燥食品介电特性的研究十分重要。当介电材料处于磁场中时，作为介电振子和带电粒子的分子取向控制着极化的转变。当微波能量照射到物料上时，一部分能量在表面发生了反射，另一部分能量穿过了表面，后者的这部分能量则被物料吸收。可以把食品物料当作是非理想的电容器，在电磁场中可以将电能储存起来，该特性可以用相对介电常数来表达。它的表达式如下：

$$\varepsilon = \varepsilon' - \varepsilon'' \tag{4.6}$$

式中，ε'是真实介电常数；ε''假想为介电损失因子。

食品的体积功率吸收用下式表示：

$$P_V = 2\pi f \varepsilon_0 \varepsilon' \tan\delta \, |E|^2 = 2\pi f \varepsilon_0 \varepsilon'' \, |E|^2 \tag{4.7}$$

式中，P_V是能量密度，W/m^3；f是微波频率 Hz；ε_0是空气的介电常数，F/m；$\tan\delta$是正切损失，$\tan\delta = \varepsilon''/\varepsilon'$；$E$是电场强度，V/m。

采用作者设计的微波真空干燥设备对荔枝进行干燥处理。该微波真空干燥设备微波输入功率设计为20kW，波导尺寸为100mm×150mm，物料室体积为0.66m³，微波屏蔽板上小孔直径为2～4mm。选取型号为WBL－1000的微波源1只，型号为IS-KI5100的测温装置1只，型号为6RG781212的照明装置2只。挑选大小均匀且无病虫害的新鲜荔枝，按照前面所述的设备工作过程干燥荔枝，测定设备的主要性能参数（见表4.1）。从表4.1可以看出，该设备的各项指标达均到了设计要求。所得的荔枝干的干基含水率为0.17kg/kg，干燥后荔枝皮的形状保持不变，里边的果肉呈暗褐色，果肉香软可口。

表 4.1　微波真空干燥设备性能参数

参数	设计值	实测值
干燥速率/(kg/h)	30	34.7
微波输出功率/kW	15	16.8
干燥温度/℃	<50	35
微波泄漏量/(mW/cm²)	<1	<1
真空度/MPa	−0.001～−0.01	−0.001～−0.012

注：干燥速率是干燥荔枝的速率，微波泄漏量是距设备5cm处检测的数值。

4.2.4　微波真空干燥荔枝品质

4.2.4.1　干燥实验

将去皮后的荔枝果肉在-20℃左右进行预冷冻 2h，接着将预冻后的荔枝放入-80℃冰箱进行速冻，确保物料中的水分都变成固态冰。然后把荔枝分装到物料托盘中（荔枝之间不可放置过密），放进作者设计的微波真空干燥机中进行干燥。设定微波真空干燥机的压力为 5kPa（绝对压力），微波功率为 0.6W/g，温度为 60～65℃，干燥时间为 200min。当中心温度低于下限温度时打开微波开关，当中心温度高于温度上限时关闭微波开关。干燥后的荔枝用聚乙烯袋密封，在-40℃保存待用。

4.2.4.2　常规化学指标的测定

（1）荔枝干中主要化学成分的测定

① 含水量的测定使用烤箱干燥法。样品在 105℃的烤箱内干燥 2～3h 拿出来称量，然后继续干燥。按照这样的时间间隔直到获得的重量恒定（±0.02g）。用数字天平测定重量，然后计算含水量（干基或湿基）。所有的测量重复 3 次。

② 抗坏血酸含量的采用 2,6-二氯靛酚滴定法，参考 GB 5009.86—2016 略有改动。

溶液的配置：

2％草酸溶液：称取 5g 草酸结晶溶于 250mL 蒸馏水中。

1％草酸溶液：取上述 2％草酸溶液 100mL，用水稀释至 200mL。

抗坏血酸标准溶液：准确称取 20mg 抗坏血酸，用 1％草酸溶液稀释至 100mL，混匀，置冰箱中保存。使用时吸取上述抗坏血酸 5mL，置于 50mL 容量瓶中，用 1％草酸溶液定容之。此标准使用液每毫升含 0.02mg 维生素 C。

2,6-二氯靛酚溶液：称取碳酸氢钠 52mg，溶于 200mL 沸水中，然后称取 2,6-二氯靛酚 50mg，溶解在上述碳酸氢钠的溶液中，待冷，置于冰箱中过夜，次日过滤置于 250mL 量瓶中，用水稀释至刻度，摇匀。此液应贮于棕色瓶中并冷藏，每星期至少标定 1 次。

标定方法：取 5mL 已知浓度的抗坏血酸标准溶液，加入 1％草酸溶液 5mL，摇匀，用上述配制的染料溶液滴定至溶液呈粉红色于 15s 不褪色为止。每毫升染料溶液相当于维生素 C 的毫克数等于滴定度，滴定度用如下公式表示：

$$T = CV_1/V_2 \tag{4.8}$$

式中，T 为滴定度；C 为抗坏血酸（V）的浓度，mg/mL；V_1 为抗坏血酸的量，mL；V_2 为消耗染料溶液量，mL。

测定及计算：取 20g 的果肉，加入 20g 2％草酸溶液，倒入组织捣碎机中捣成匀浆。称取 20g 浆状样品（使其含有抗坏血酸 1～5mg），置于小烧杯中，用 1％草酸溶液将样品移入 100mL 容量瓶中，并稀释至刻度，摇匀。将样液过滤，然后迅速吸取 10mL 滤液，置于 50mL 三角烧瓶中，用标定的 2,6-二氯靛酚染料溶液滴定之，直至溶液呈粉红色于 15s 内不褪色为止。每百克样品中抗坏血酸毫克数用如下公式表示：

$$维生素 C = [(V \times T)/W] \times 100 \tag{4.9}$$

式中，V 为滴定时所耗去染料溶液的量，mL；T 为 1mL 染料溶液相当于抗坏血酸标准溶液的量，mg；W 为滴定时所取的滤液中含样品量，g。

③ 总多糖浓度的测定采用苯酚-硫酸法。标准曲线的制备：精确地称取葡萄糖标准品，在 105℃ 干燥至恒重。将干燥后的葡萄糖标准品放入 1L 的容量瓶中，用蒸馏水定容至刻度，得到的即为 0.1g/L 的葡萄糖标准溶液。精密地吸取 0.20mL、0.40mL、0.60mL、0.80mL、1.00mL 上述溶液加入到带塞试管中并补水至 2.0mL，准确地加入 6％的重蒸苯酚溶液 1.0mL，然后迅速加入 5.0mL 的浓硫酸，振荡混合均匀，静置 10min 后置于 30℃ 的水浴锅中水浴 10min，在 490nm 处测定其吸光度值，用蒸馏水作空白对照，测定结果见表 4.2。

表 4.2 标准糖浓度-吸光度值

实验序号	0	1	2	3	4	5
标准葡萄糖/mL	0	0.2	0.40	0.60	0.80	1.00
蒸馏水/mL	2.00	1.80	1.60	1.40	1.20	1.00
6％的苯酚/mL	1.00	1.00	1.00	1.00	1.00	1.00
浓硫酸/mL	5.00	5.00	5.00	5.00	5.00	5.00
吸光度值	0	0.286	0.517	0.722	0.995	1.255

以吸光度值 A 为纵坐标，标准葡萄糖的浓度 C（mg/mL）为横坐标，经计算得到回归方程为：$A = 12.08C + 0.03$，$r = 0.9986$。然后进行多糖浓度的测定，精密吸取提取的多糖溶液 1mL 加入具塞试管中，补水到 2mL，加入 6％的重蒸苯酚溶液 1.0mL，迅速加入 5.0mL 的浓硫酸，振荡混合均匀，静置 10min 后置于 30℃ 的水浴锅中水浴 10min，在 490nm 处测定其吸光度值。将测定的吸光度值代入回归方程，得到多糖的浓度。

④ 蛋白含量测定采用紫外分光光度法。标准曲线的制备：配置 0.1 mg/mL 的牛血清蛋白质标准溶液，精密地吸取 0.5mL、1.0mL、1.5mL、2.0mL、2.5mL 上述溶液加入到带塞试管中并补水至 4.0mL，振荡混合均匀，静置 2min，在 280nm 处测定吸光度值，用蒸馏水作空白对照，测定结果见表 4.3。

表 4.3　标准蛋白浓度-吸光度值

实验序号	0	1	2	3	4	5
标准蛋白溶液/mL	0	0.5	1.0	1.5	2.0	2.5
蒸馏水/mL	4.0	3.5	3.0	2.5	2.0	1.5
吸光度值	0	0.021	0.043	0.063	0.083	0.104

以吸光度值 A 为纵坐标，标准蛋白质溶液浓度 C（mg/mL）为横坐标，经计算得到回归方程为：$A = 0.1673C$，$r = 0.9976$。然后进行样品中蛋白含量的测定，精密吸取提取的多糖溶液 1mL 加入具塞试管中，补水到 4mL，振荡混合均匀，静置 2min，在 280nm 处测定吸光度值。将测定的吸光度值代入回归方程，得到蛋白的浓度。

（2）粗多糖的提取

粗多糖提取采用热水浴法，并加以改进。取 100g 干燥后的荔枝果肉与 100mL 75%～80% 乙醇溶液混合，放入搅拌机打浆。然后将得到的浆液通过 2 层纱布过滤 3 次，取滤渣并置于热风干燥箱中 60℃烘干，接着用研磨机磨成粉。以此获得的荔枝干粉，在干燥条件下储备备用。取 1g 上述干粉，按照 1:25 的料液比加入纯水（pH＝7.5）。然后将混合液于 80℃热水浴 2h，待冷却至室温，离心（6000g、10min、4℃）取上清液，并在上清液中加热加入 3 倍体积的无水乙醇，在 4℃冰箱静置 12h。然后离心（10000g、10min、4℃）取沉淀，并将沉淀冷冻干燥，得到的即为荔枝粗多糖。定义粗多糖纯度为多糖浓度与蛋白浓度的比值。

4.2.4.3　荔枝粗多糖含量及纯度

微波真空干燥对 3 个品种荔枝中的主要化学成分和粗多糖纯度的影响如表 4.4 所示。从表 4.4 中可以明显看出 3 个品种的荔枝干燥后含水率没有明显的差别，这可能是因为微波真空干燥可以使物料各部分同时受热升温，形成较大的压力差使物料中的水分都能够很好地移除。随着干燥的进行，果肉温度越来越高，使得细胞膨胀破裂，破坏后的细胞阻碍了水分的移除通道，导致水分移除越来越慢直到干燥结束，该过程与荔枝品种无关，所以最终含水率差别不明显。另外，微波真空干燥后妃子笑的抗坏血酸含量要远远高于桂味和糯米糍。通过测定粗多糖的纯度，发现 MVD 桂味的多糖纯度最高，其次为 MVD 妃子笑，MVD 糯米糍最低。

表 4.4　MVD 对不同品种荔枝中主要化学成分和多糖纯度的影响

品种	含水率（干重）/（g/100g）	抗坏血酸含量（干重）/（mg/100g）	多糖含量/（mg/mL）	蛋白含量/（mg/mL）	多糖纯度
桂味	26.43±0.50[a]	28.02±1.00[b]	3.856±0.050[a]	0.389±0.007[b]	9.900
妃子笑	26.07±0.04[a]	72.30±1.00[a]	3.897±0.014[a]	0.410±0.001[a]	9.502
糯米糍	26.69±2.36[a]	25.60±1.00[c]	3.696±0.075[b]	0.410±0.009[a]	9.019

注：同列小写字母不同表示差异显著（$P < 0.05$）。

4.2.4.4 粗多糖的抗氧化能力

（1）粗多糖对 DPPH 自由基的清除作用

DPPH 是一种稳定的自由基，常被用来测定物质的抗氧化能力。荔枝微波真空干燥后果肉的粗多糖提取物对 DPPH 自由基的清除作用如图 4.11 所示。从图中我们可以看出对于同种荔枝，随着多糖浓度的增加，抗氧化能力逐渐增强。对于不同种荔枝，可以看出妃子笑多糖的抗氧化能力是最强的（$EC_{50}=0.485mg/mL$），桂味和糯米糍多糖的抗氧性较弱。

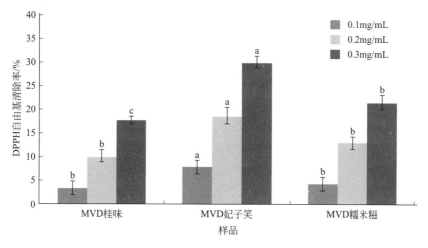

图 4.11 不同品种荔枝粗多糖清除 DPPH 自由基的比较

（2）FRAP 法测定粗多糖的抗氧化能力

利用 FRAP 法测定微波真空干燥荔枝多糖提取物的抗氧化能力。实验中选取的荔枝多糖的浓度分别为 0.1mg/mL、0.2mg/mL 和 0.3mg/mL。从图 4.12 中可以看出 MVD 妃子笑粗多糖的抗氧化能力最强［多糖浓度为 0.3mg/mL 时，FRAP 值为 $65.72\mu mol/L$ $FeSO_4 \cdot 7H_2O/g$（干重）］，桂味和糯米糍粗多糖的抗氧性较弱。这与利用 DPPH 自由基清除能力法测定的结果相一致。而在表 4.4 中，桂味荔枝的粗多糖纯度最高，可见粗多糖的纯度高并不意味着抗氧化能力强。

4.2.4.5 粗多糖的降血糖能力

（1）粗多糖对正常小鼠的降血糖能力

正常小鼠口服葡萄糖耐量试验（OGTT）结果如图 4.13 所示。可以看出在小鼠进食 0.5h 后，血液中的葡萄糖浓度达到最大，阳性药物组的降血糖作用要显著好于模型组（$P<0.05$）。但是，MVD 桂味、MVD 妃子笑和 MVD 糯米糍

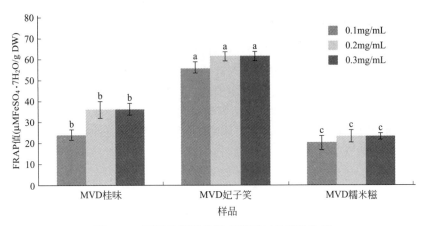

图 4.12　不同品种荔枝粗多糖 FRAP 值的比较

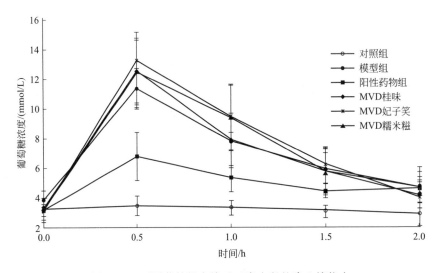

图 4.13　不同荔枝粗多糖对正常小鼠的降血糖能力

3 个样品组与模型组相比，没有明显的区别，这表明 MVD 荔枝粗多糖不能降低正常小鼠的血糖水平。

（2）粗多糖对糖尿病小鼠的降血糖能力

糖尿病小鼠口服葡萄糖耐量试验（OGTT）结果如图 4.14 所示。从图可以看出，与模型组相比，阳性药物组在每个时间点都能显著降低血糖水平（$P<0.05$）。另外，MVD 糯米糍与模型组相比降血糖作用不明显，而 MVD 桂味和 MVD 妃子笑在 2h 内每个时间点的降血糖作用都好于模型组，MVD 妃子笑的降血糖作用甚至好于阳性药物组。这表明，MVD 干制得到的荔枝果肉多糖具有显著的生物活性，结合表 4.14 中的常规指标，可以得出，MVD 作为一种新型干

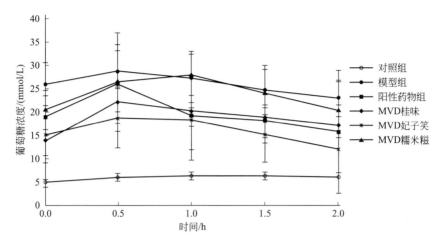

图 4.14　不同荔枝粗多糖对糖尿病小鼠的降血糖能力

燥方式，对常规化学指标和生物活性物质的活性均有很好的保留，可以用作荔枝的通用干制加工。3 个荔枝品种比较来说，降低糖尿病小鼠血糖水平最好的荔枝品种为妃子笑。由上述可知，MVD 妃子笑的抗氧化能力也最强，因此，对于MVD 这种干燥方式来说，抗氧化能力和降低糖尿病小鼠的血糖能力是一致的。

（3）粗多糖对糖尿病小鼠血液中 TG 和 TCH 的影响

小鼠血液中的甘油三酯（TG）、总胆固醇（TCH）含量如图 4.15 所示。对于甘油三酯含量，阳性药物组能显著降低糖尿病小鼠血液中的 TG 含量（$P<$ 0.05）。与模型组相比，MVD 样品组都能降低小鼠血液中的 TG 浓度，并且MVD 桂味对糖尿病小鼠血液中 TG 浓度的降低作用最强，甚至超过了阳性药物组。对于总胆固醇含量，从图 4.15 中可以看出，阳性药物组并不能显著降低模

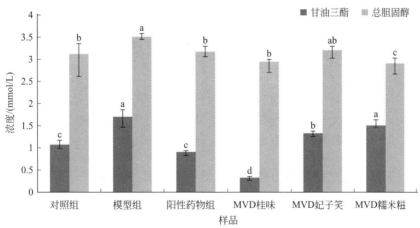

图 4.15　不同品种荔枝粗多糖对糖尿病小鼠血液中甘油三酯和总胆固醇浓度的影响

型组的 TCH 含量（$P > 0.05$），3 种荔枝多糖中，妃子笑不能显著降低糖尿病小鼠血液中的 TCH 含量，而 MVD 桂味和 MVD 糯米糍可以显著降低糖尿病小鼠血液中 TCH 浓度（$P < 0.05$），这表明，MVD 桂味和 MVD 糯米糍对糖尿病小鼠血液中 TCH 含量的降低效果均好于阳性药物组。总的来说，3 种 MVD 荔枝粗多糖样品均能降低糖尿病小鼠血液中 TG 和 TCH 含量，比较 3 种荔枝，桂味的降低效果最佳。

对于多糖纯度来说，桂味最好，而对于抗氧化能力来说，妃子笑荔枝最佳，说明多糖纯度高并不意味着抗氧化能力强。动物实验中，妃子笑荔枝的降血糖作用最强。对于 MVD 这种干燥方式来说，抗氧化能力和降血糖作用是一致的。但这并不能代表其他的干燥方式下两类指标也会有一致的结果。另外，对于 TG 和 TCH 来说，桂味荔枝效果最好，这与抗氧化能力和降血糖作用的结果并不一致，说明机体对于生物活性物质的利用并不能靠单一指标来评判。为了更好地评价微波真空干燥对荔枝果肉常规化学指标及多糖的作用，下一步需要将其与其他干燥方式进行比较，比如热风干燥、冷冻干燥等。

总体来说，微波真空干燥作为一种新型干燥方式，对常规化学指标和生物活性物质的活性均有很好的保留，可以用作荔枝的通用干制加工。MVD 荔枝多糖对正常小鼠的血糖水平无影响，却能显著降低糖尿病小鼠的血糖水平，这是一个比较有价值的现象，如果未来对于人体试验也能有相同的结果，那么 MVD 将会得到更为广泛的应用。

4.3 怀山药微波真空干燥技术及控制

联合干燥技术，也称为组合干燥技术，其研究是近几年发展起来的，研究人员进行了多种组合干燥技术的探索和研究，如微波-热风干燥组合、射频-流化床干燥组合、太阳能-热泵干燥组合、塔式-就仓干燥组合等。联合干燥就是根据物料的干燥特点，集成两种或两种以上的干燥技术装备，实现节能、保质和高效干燥效果。例如微波真空组合干燥，采用真空可以降低水的蒸发温度，使物料在较低的温度下快速蒸发，同时还可避免氧化，改善了干燥品质。因此，将微波技术与真空技术相结合就成为一项极具发展前景和实用价值的新技术。它不仅具有干燥速率快，时间短，物料温度低，色、味及有效成分保留好等优点，而且参数容易控制，能干燥多种不同类型的物料。

4.3.1 干燥方法对鲜切怀山药片干燥特性及品质的影响

4.3.1.1 引言

怀山药主产于古怀庆府（今河南省焦作市温县、沁阳市、武陟县等沿沁河一带），是著名的"四大怀药"之一，药用其根茎。山药多糖是目前公认的山药主要活性成分之一，具有免疫调节、抗氧化、延缓衰老、降血糖、降血脂、抗肿瘤、抗突变、调节脾胃等功用。然而，怀山药虽具有较高的药用和食用价值，但对其加工和保鲜的研究，国内外报道较少。

本节分别采用热风、真空及微波干燥方法对新鲜怀山药进行干燥实验研究，研究不同干燥方法对新鲜怀山药片干燥特性及干燥品质的影响，为怀山药的加工、保鲜和贮藏提供技术支持。

4.3.1.2 实验材料与方法

（1）材料与试剂

怀山药：从河南温县当地市场购得。选择个体完整、粗细均匀、表皮无霉、无病虫害、无损伤、肉质洁白的光皮长柱形新鲜怀山药。

试剂（分析纯）：葡萄糖、石油醚、无水乙醇、苯酚、浓硫酸。

（2）实验仪器及设备

物料烘干实验台（GHS-Ⅱ型，黑龙江农业仪器设备修造厂）；

自动恒温控制仪（GHS-Ⅱ型，黑龙江农业仪器设备修造厂）；

真空干燥箱（DZF-6050 型，巩义市予华仪器有限公司）；

循环水式真空泵（SHZ-DⅢ，巩义市英峪仪器厂）；

紫外可见分光光度计［WFZ UV-2008AH 型，尤尼柯（上海）仪器有限公司］；

电子天平（BS223S 型，北京赛多利有限公司）；

恒温水浴锅（HH-S 型，江苏金坛市亿通电子有限公司）。

微波真空干燥实验装置（HWZ-2B 型）为河南科技大学食品与生物工程学院与广州微波能设备有限公司联合制造。干燥箱由控制面板、微波加热腔体、空间立体转动吊篮、真空泵等部分组成。微波加热源由 3 个微波管组成，每个微波管的功率为 850W，实现了微波功率自动控制，微波功率范围为 $100\sim2550W$；真空泵为水循环式真空泵，极限真空为 $-0.08MPa$；微波加热腔体内装有空间立体转动吊篮，带有 6 个物料盘，干燥过程中可实现物料的转动干燥，保证了干燥的均匀性；控制面板可进行微波功率及干燥时间的设置与控制、真空泵及吊篮转动的控制；装有红外线测温，实现了物料的实时测温。

微波真空干燥试验装置示意图如图 4.16 所示。

（3）实验方法

① 干燥处理

a. 热风干燥　在切片厚度为 5mm、风速为 0.2m/s 的条件下，考查风温（50℃、60℃和 70℃）对怀山药片干燥特性的影响；

在切片厚度为 5mm、风温为 60℃的条件下，考查风速（0.2m/s、0.4m/s、

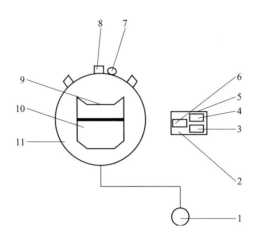

图 4.16　微波真空干燥试验装置示意图

1—真空泵；2—温度显示；3—微波设置；4—操作控制；5—触摸屏控制面板；

6—时间控制；7—红外测温器；8—微波发射器；9—料盘；

10—空间立体转动装置；11—微波加热腔体

0.6m/s）对怀山药片的干燥特性影响。

b. 真空干燥　在切片厚度为 5mm、真空度为 −0.08MPa 的条件下，考查加热温度（60℃、70℃和 80℃）对怀山药片干燥特性的影响；

在切片厚度为 5mm、加热温度为 60℃ 的条件下，考查真空度（−0.07MPa、−0.08MPa和−0.09MPa）对怀山药片干燥特性的影响。

c. 微波干燥　在切片厚度为 5mm、微波功率为 460W 的条件下，考查单位质量微波功率（4W/g、6W/g 和 8W/g）对怀山药片干燥特性的影响；

在切片厚度为 5mm、单位质量微波功率为 6W/g 的条件下，考查微波功率（320W、460W 和 600W）对怀山药片干燥特性的影响。

② 初始含水率的测定　采用《食品中水分的测定方法》GB 5009.3—2016 常压加热干燥法测定。干燥速率公式：

$$V = \frac{\Delta m}{\Delta t} \qquad (4.10)$$

式中，V 为干燥速率，g/min；Δm 为怀山药的质量变化量；Δt 为时间间隔。

③ 干燥终点的确定　根据国家医药管理局（82）药储字第 17 号文件规定，山药的储存安全水分范围为 12%～17%，所以在实验中以含水率低于 17% 为干燥终点。

④ 复水率的测定　干制怀山药片于 10 倍室温水中浸泡 1h 后取出，沥干表面水分，检查其复水前后重量比，复水率计算公式如下：

$$R_f = \frac{m_f - m_g}{m_g} \times 100\%$$ (4.11)

式中，R_f 为复水率，%；m_f 为样品复水后的重量，g；m_g 为干制怀山药样品的重量，g。

⑤ 山药多糖的提取测定　葡萄糖标准液：精密称取 105℃ 干燥至恒重的葡萄糖标准品 100mg，加蒸馏水定容至 100mL 的容量瓶中，配制成 1mg/mL 的标准液。

绘制标准曲线：精密称取 0.1mL、0.15mL、0.2mL、0.25mL、0.3mL、0.35mL 的葡萄糖标准液于 25mL 试管中，准确补蒸馏水至 1mL，依次加入 5% 苯酚溶液 1mL、浓硫酸 5mL，100℃ 水浴 10min，冷却后在 490nm 处测吸光值。得到的标准曲线为 $y = 0.2011x - 0.0016$，$R^2 = 0.9994$。

干制怀山药 1g→粉碎→50mL 石油醚、60℃ 索氏抽提 2h（除脂）→过滤，弃滤液，滤渣用 50mL 80% 的乙醇、60℃ 索氏抽提 2h（除单糖、多酚、低聚糖和皂苷等小分子）→过滤，弃滤液，滤渣用 50mL 水索氏抽提 2 次，每次 2h→收集滤液，定容至 100mL 的容量瓶中，苯酚-硫酸比色法测山药多糖含量。多糖得率公式：

$$\varepsilon = \frac{m_2}{m_1} \times 100\%$$ (4.12)

式中，ε 为多糖得率，%；m_2 为实验测定的多糖含量 g；m_1 为实验所测样品的质量，g。

4.3.1.3　结果与讨论

（1）干燥方法对鲜切怀山药片干燥特性的影响

① 热风干燥对鲜切怀山药片干燥特性的影响

a. 风温对鲜切怀山药片热风干燥特性的影响　图 4.17、图 4.18 分别为风速为 0.2m/s 时，不同风温下的怀山药片热风干燥曲线和干燥速率曲线。

由图 4.19 可以看出，普通温度 50℃、60℃ 和 70℃ 下的 3 条干燥曲线均连续、光滑，呈下降趋势，温度越高下降趋势越明显，干燥时间越短。由图 4.18 可知，热风干燥有明显的增速过程和降速过程，无恒速干燥过程。随着热风温度的升高，干燥速率越快，而且高温与低温影响的差别相当明显。

b. 风速对鲜切怀山药片热风干燥特性的影响　图 4.19、图 4.20 分别为风温为 60℃ 时，不同风速下的怀山药片热风干燥曲线和干燥速率曲线。

由图 4.19 可知，在比较风速分别 0.2m/s、0.4m/s 和 0.6m/s 的 3 条干燥曲线后发现，风温一定时，风速对怀山药片的干燥特性影响很大，风速越高，干燥曲线越陡峭，干燥时间越短。由图 4.20 可知，怀山药片热风干燥没有恒速阶

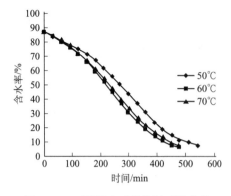

图 4.17 不同温度下的热风干燥曲线

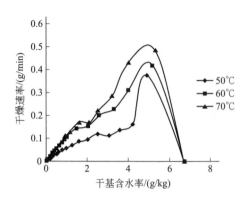

图 4.18 不同温度下的热风干燥速率曲线

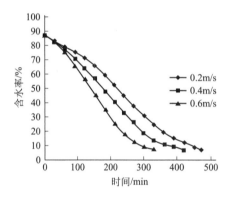

图 4.19 不同风速下的热风干燥曲线

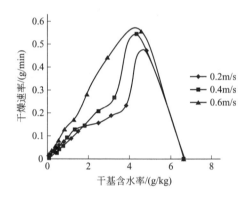

图 4.20 不同风速下的热风干燥速率曲线

段，风温一定时，风速越大，干燥速率越大，不同风速对怀山药片的热风干燥速率影响差别特别明显。

②真空干燥对鲜切怀山药片干燥特性的影响

a. 温度对鲜切怀山药片真空干燥特性的影响 图 4.21、图 4.22 分别为真空度为 0.08MPa 时，不同温度下的怀山药片真空干燥曲线和干燥速率曲线。

由图 4.21 可知，当真空度一定，干燥温度为 60℃、70℃和 80℃时，怀山药片的真空干燥时间随着温度的增加而明显缩短，温度越高，干燥曲线越陡峭。由图 4.22 可知，真空度一定时，温度越高，怀山药的真空干燥速率越高；怀山药片的真空干燥和热风干燥一样，没有恒速干燥过程，分析原因是因为怀山药表面水分含量大，热风干燥和真空干燥属于从物料表面向里逐渐干燥，所以干燥前期使怀山药表面的水分快速蒸发掉，而后期因为物料本身介质的阻碍而使水分从里向外扩散得慢，致使干燥速率逐渐地下降。

b. 真空度对鲜切怀山药片真空干燥特性的影响 图 4.23、图 4.24 分别为温度为 60℃时，不同真空度下的怀山药片真空干燥曲线和干燥速率曲线。

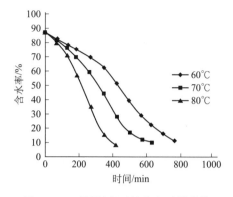

图 4.21 不同温度下的真空干燥曲线

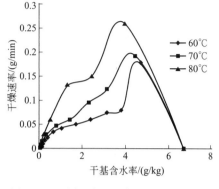

图 4.22 不同温度下的真空干燥速率曲线

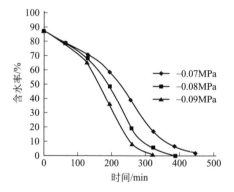

图 4.23 不同真空度下的真空干燥曲线

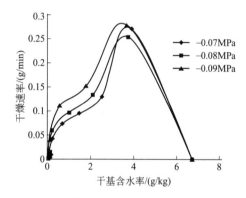

图 4.24 不同真空度下的真空干燥速率曲线

由图 4.23 可知，当干燥温度一定，在真空度为 -0.07MPa、-0.08MPa 和 -0.09MPa 时，怀山药的干燥时间随着真空度的升高而缩短。由图 4.24 可知，真空度越高，干燥速率越大，但是真空度对怀山药片真空干燥特性的影响没有温度对其影响的明显。

③ 微波干燥对鲜切怀山药片干燥特性的影响

a. 单位质量微波功率对鲜切怀山药片微波干燥特性的影响 图 4.25、图 4.26 分别是微波功率为 460W 时，不同单位质量微波功率下的怀山药片微波的干燥曲线和干燥速率曲线。

由图 4.25 可知，当微波功率、切片厚度一定时，单位质量微波功率分别为 4W/g、6W/g 和 8W/g 时，单位质量微波功率对怀山药片的干燥速率影响很大，单位质量微波功率越高，干燥曲线越陡峭，所需干燥时间越短。由图 4.26 可知，微波干燥过程分升速、恒速和降速 3 个阶段。单位质量微波功率越大，升速阶段用时则越少，越早达到恒速阶段，恒速阶段的干燥速率也就越大。

b. 微波功率对怀山药片微波干燥特性的影响 图 4.27、图 4.28 分别是单位

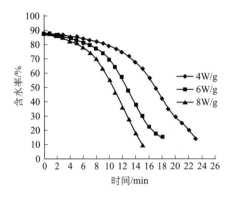

图 4.25 不同单位质量微波功率下的
微波干燥曲线

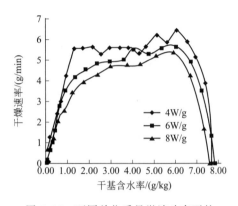

图 4.26 不同单位质量微波功率下的
微波干燥速率曲线

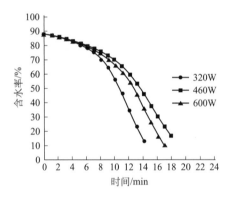

图 4.27 不同功率下的微波干燥曲线

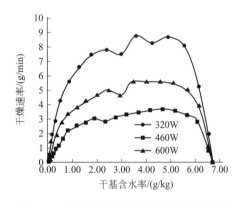

图 4.28 不同功率下的微波干燥速率曲线

质量微波功率为 6W/g 时,不同微波功率下的怀山药片微波干燥曲线和干燥速率
曲线。

由图 4.27 可知,在单位质量微波功率和切片厚度一定时,当微波功率为
320W、460W 和 600W 时,微波功率越高,怀山药的干燥曲线变化越明显。由
图 4.28 可知,微波功率对怀山药片干燥速率的影响很大,干燥功率越大,恒速
干燥阶段的干燥速率越高。不同功率下,其干燥曲线非常相似,升速、恒速、降
速 3 个干燥阶段非常明显。

(2) 干燥方法对鲜切怀山药片干燥品质的影响

① 干燥方法对感官品质的影响 图 4.29 为热风干燥、传导真空干燥、微波
干燥和微波真空干燥下的怀山药图片。

由图 4.29 可知,热风干燥的样品品质最差,褐变及变形程度都要比其他几
种干燥方法高;传导真空干燥的样品色泽最好,变形程度比热风干燥小,但比微
波干燥高;微波干燥的样品变形程度最小,但是色泽泛黄,这是因干燥后期物料

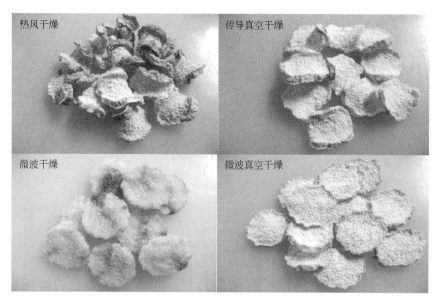

图 4.29 不同干燥方式下怀山药的图片

温度高，出现泛油现象；微波真空干燥的样品整体品质是最高的，色泽和传导真空干燥一样，没有褐变及泛油现象，外观变形现象也很轻微。

② 干燥方法对复水率的影响 图 4.30 为热风干燥、真空干燥和微波干燥 3种干燥方法对怀山药片复水率的影响图。

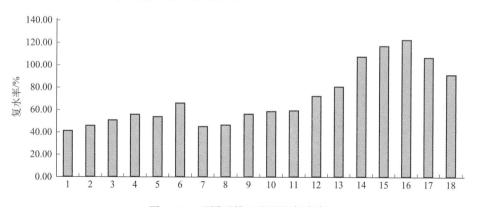

图 4.30 不同干燥工艺下的复水率

1—50℃，0.2m/s；2—60℃，0.2m/s；3—70℃，0.2m/s；4—0.2m/s，60℃；

5—0.4m/s，60℃；6—0.6m/s，60℃；7—60℃，−0.08MPa；8—70℃，−0.08MPa；

9—80℃，−0.08MPa；10—−0.07MPa，60℃；11—−0.08MPa，60℃；12—−0.09MPa，60℃；

13—4W/g，460W；14—6W/g，460W；15—8W/g，460W；16—320W，6W/g；

17—460W，6W/g；18—600W，6W/g

由图 4.30 可知，怀山药的复水率在热风干燥中，随风速和风温的增大均呈上升趋势；在传导真空干燥中，随加热温度和真空度的增大也逐渐升高；在微波干燥中，随单位质量微波功率的增大而升高，随着微波功率的增加而减小，复水效果显著。比较 3 种干燥方法可知，微波干燥怀山药复水率最高，热风干燥与传导真空干燥差别不大。

③ 干燥方法对山药多糖得率的影响　图 4.31 为热风干燥、传导真空干燥和微波干燥对怀山药多糖得率的影响图。

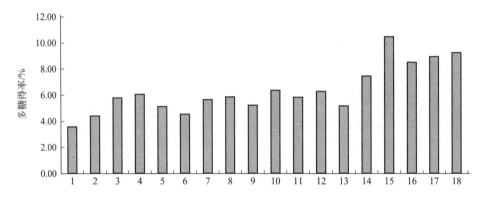

图 4.31　不同干燥工艺下的多糖得率

1—50℃，0.2m/s；2—60℃，0.2m/s；3—70℃，0.2m/s；4—0.2m/s，60℃；
5—0.4m/s，60℃；6—0.6m/s，60℃；7—60℃，−0.08MPa；8—70℃，−0.08MPa；
9—80℃，−0.08MPa；10——0.07MPa，60℃；11——0.08MPa，60℃；12——0.09MPa，60℃；
13—4W/g，460W；14—6W/g，460W；15—8W/g，460W；16—320W，6W/g；
17—460W，6W/g；18—600W，6W/g

由图 4.31 可知，怀山药多糖得率在热风干燥中，随风速增大而降低，随风温升高而增加。在微波干燥中，随单位质量微波功率增大而增加，随功率的升高而增加，得率较热风、传导真空干燥有显著提高；在传导真空干燥中，随加热温度和真空度的增大而略有增加。比较可知，怀山药多糖得率高低为：微波干燥＞传导真空干燥＞热风干燥。

由实验结果可知，传导真空干燥对物料品质影响不大，能较好地保留物料的营养成分；热风干燥在干燥过程中会造成营养成分的损失；微波干燥后物料的成分会增加，这就出现了一个问题：微波具有分解的功能，经微波干燥后，物料的功能性成分是否会产生变化？变化后是否还会具有其原有的营养与保健功能？

4.3.1.4　小结

① 干燥动力学研究表明：同一干燥方法的不同干燥条件下，各水平的变化趋势十分明显，都能达到不同程度上的干燥效果，都能很好地表征怀山药薄层干

燥的特性；不同干燥方法中，干燥速率明显不同，其所用时间长短关系为：传导真空干燥＞热风干燥＞微波干燥。可见，微波干燥怀山药片的干燥速率最快。

② 感官品质研究表明：热风干燥的样品品质最差；传导真空干燥的样品外观色泽最好，但是变形比较严重；微波干燥的样品变形轻微，但因出现泛油现象而导致色泽变黄；微波真空组合干燥的样品品质最佳，既体现了传导真空干燥和微波干燥的优点，又克服了单一干燥下所出现的问题。

③ 复水率研究表明：同一种干燥方法下不同干燥条件的干燥怀山药片复水率比较得出，同一干燥方法不同干燥条件下的复水率均有明显变化；由不同干燥方法的干燥怀山药片复水率比较得出，复水率大小为：微波干燥＞热风干燥＞传导真空干燥，其中热风干燥与传导真空干燥相差不大，微波干燥怀山药片的复水率最高。

④ 多糖得率实验表明：由同一种干燥方法下不同干燥条件的干燥怀山药片多糖得率比较得出，在同一干燥方法不同干燥条件下的品质有明显变化；由不同干燥方法的多糖得率比较得出，多糖得率大小为：微波干燥＞传导真空干燥＞热风干燥。可见，微波干燥怀山药片的多糖得率最高。

4.3.2 鲜切怀山药片微波干燥实验研究

4.3.2.1 引言

通过本章节 4.3.1 中对不同干燥方法的比较可知，热风干燥的样品品质最差；真空干燥的样品外观色泽最好，但是变形比较严重；微波干燥的样品变形轻微，但是因出现泛油现象而导致色泽变黄；微波真空组合干燥的样品品质最好，既体现了真空干燥和微波干燥的优点，又克服了单一干燥技术下所出现的问题。

本节以新鲜怀山药为原料，进行微波真空干燥试验，研究不同干燥处理条件对怀山药干燥特性及品质的影响，以期获得品质好、干燥速率快、成本较低的联合干燥方法，并得到怀山药微波真空干燥规律。

4.3.2.2 实验材料与方法

（1）材料与试剂

怀山药：从河南温县当地市场购得。选择个体完整、粗细均匀、表皮无霉、无病虫害、无损伤、肉质洁白的光皮长柱形新鲜怀山药。

试剂（分析纯）：葡萄糖、石油醚、无水乙醇、苯酚、浓硫酸、高氯酸、香草醛、冰醋酸、正丁醇、薯蓣皂苷、甲醇。

（2）实验仪器及设备

恒温水浴锅（HH-S 型，江苏金坛市亿通电子有限公司）；

旋转蒸发仪（RE-52B 型 上海亚荣生化仪器厂）；

其他设备同 4.3.1.2。

（3）实验方法

① 微波真空干燥　由于微波真空干燥后期物料易出现局部高温焦化现象，经实验摸索，将微波真空干燥分两步骤进行：

a. 采用不同干燥条件进行连续干燥实验，干燥终点为水分除去 85％时；

b. 调节干燥参数为：微波功率 800W，真空度 0.08MPa，进行间歇干燥，实际操作为加热 1min 停 1min，干燥至物料安全水分。

② 干燥实验　新鲜怀山药经清洗，削皮，切片后，称取 300g 放入微波真空干燥箱中，设定微波功率，抽真空，当真空度降到实验值时开启微波，5min 称重一次，记录数据，考查微波真空干燥条件对怀山药片干燥特性的影响。

a. 固定怀山药切片厚度为 6mm，微波功率为 1600W，考查真空度（0、0.02MPa、0.04MPa、0.06MPa、0.08MPa）对怀山药片微波真空干燥特性的影响；

b. 固定怀山药切片厚度为 6mm，真空度为 0.08MPa，考查微波功率（800W、1200W、1600W、2000W、2400W）对怀山药片干燥特性的影响；

c. 固定微波功率为 1600W，真空度为 0.08MPa，考查切片厚度（2mm、4mm、6mm、8mm、10mm）对怀山药片干燥特性的影响。

③ 薯蓣皂苷的提取测定　薯蓣皂苷标准液：称取薯蓣皂苷对照品 5mg 加甲醇溶解，转入 50mL 容量瓶中，用甲醇定容、摇匀，配制成 0.1mg/mL 的薯蓣皂苷标准液。

绘制标准曲线：分别吸取薯蓣皂苷标准液 0mL、0.2mL、0.4mL、0.6mL、0.8mL、1.0mL、1.2mL 于具塞试管中，水浴挥干溶剂，再分别加 5％香草醛-冰醋酸溶液 0.2mL 和高氯酸 0.8mL 混匀，密塞，置于 60℃水浴中显色 15mL，取出后立即冰水冷却 5min，各加入冰醋酸 5.0mL 摇匀，静置 10min，以空白为参比，在 550nm 处测吸光度值。得到的标准曲线为：$y = 0.3336x - 0.0002$，$R^2 = 0.999$（y 为皂苷含量，mg；x 为吸光值）。皂苷得率公式：

$$\gamma = \frac{m_2}{m_1} \times 100\%$$ (4.13)

式中，γ 为皂苷得率；m_2 为试验测定的皂苷含量；m_1 为试验样品的质量。

干制怀山药 1g→粉碎→50mL 石油醚、60℃索氏抽提 2h（除脂）→过滤，弃滤液，滤渣用 50mL 80％的乙醇、60℃索氏抽提 2h→过滤，滤液浓缩至 15mL→加 5mL 水饱和正丁醇萃取 3 次→正丁醇层浓缩至无醇味→甲醇溶解定容到 10mL 容量瓶中，高氯酸-香草醛-冰醋酸反应比色法测薯蓣皂苷含量。

水饱和正丁醇溶液：在 150mL 的分液漏斗中加入 21mL 水和 100mL 正丁醇，振摇 3min 后，静置分层，除去下层，上层则为水饱和正丁醇溶液。

4.3.2.3 结果与讨论

（1）干燥参数对鲜切怀山药片干燥特性的影响

① 微波功率对鲜切怀山药片干燥特性的影响 图 4.32、图 4.33 分别为真空度 0.08MPa、切片厚度 6mm 时不同微波功率的干燥曲线和干燥速率曲线。

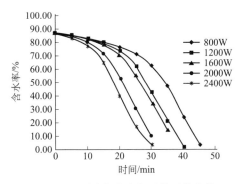
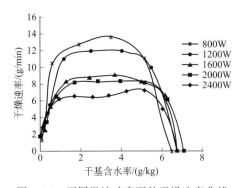

图 4.32 不同微波功率下的干燥曲线　　　图 4.33 不同微波功率下的干燥速率曲线

由图 4.32 可知，当微波功率为 800W、1200W、1600W、2000W 和 2400W 时，微波真空干燥和热风、微波、真空干燥方法一样，是一连续的干燥过程，水分随着干燥时间逐渐降低。微波功率对怀山药片的干燥速率影响很明显。微波功率越高，干燥曲线越陡峭，水分含量降得越快，所需干燥时间越短。由图 4.33 可知，怀山药片微波真空干燥过程中有较短的升速和降速阶段，恒速阶段最长；微波功率对怀山药片的干燥速率影响很明显，微波功率越高，干燥速率越大。

由图 4.33 可以看出，微波真空干燥的升速阶段很短，在干燥的第一时间点，其干燥速率就基本和恒速干燥阶段的干燥速率相等，分析原因，这种现象是与微波干燥和真空干燥的特性有关。微波加热是属于物料内外同时加热，物料表面水分因吸收微波能蒸发的同时，物料内部水分也因吸收微波能而向表面扩散，致使物料表面一直处于高湿度的状态；如果仅是微波加热的话，水分吸热升温也需要一个过程，使干燥前期干燥速率慢，但是在真空状态下，使物料提前进入了最大干燥速率阶段。在真空度为 0.08MPa 时，水的沸点为 60℃，而在实验过程中发现，物料表面温度只需 3min 就达到了 50℃，5min 后就稳定在 60℃左右，使物料的水分蒸发速率最短时间内达到了最大化。

② 真空度对鲜切怀山药片干燥特性的影响 图 4.34、图 4.35 分别为微波功率 1600W、切片厚度 6mm 时不同真空度的干燥曲线和干燥速率曲线。

由图 4.34 可知，功率、切片厚度一定时，在真空度分别为 0、−0.02MPa、−0.04MPa、−0.06MPa 和 −0.08MPa 的 5 条干燥曲线中，随着真空度的升高，干燥时间越来越短，这是因为随着真空度的升高，水的沸点越来越低，致使水分

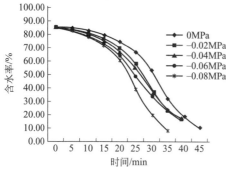

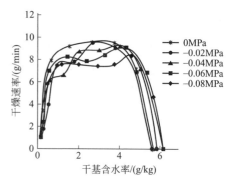

图 4.34   不同真空度下的干燥曲线   图 4.35   不同真空度下的干燥速率曲线

蒸发得越来越快,缩短了干燥时间。由图 4.35 可知,微波真空干燥有较短的升速和降速阶段,恒速阶段最长,随着真空度的升高,怀山药片微波真空干燥速率较快。

③ 切片厚度对怀山药片干燥特性的影响   图 4.36、图 4.37 分别为微波功率 1600W、真空度 0.08MPa 时不同切片厚度的干燥曲线和干燥速率曲线。

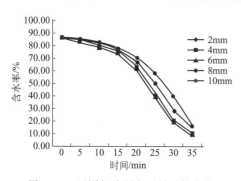

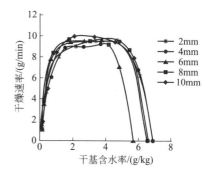

图 4.36   不同切片厚度下的干燥曲线   图 4.37   不同切片厚度下的干燥速率曲线

由图 4.36 可知,微波功率、真空度一定时,在切片厚度为 2mm、4mm、6mm、8mm 和 10mm 时,切片厚度对怀山药的微波真空干燥时间影响得不是太明显,随着切片厚度的增加,干燥时间基本不变。由图 4.37 可知,随着切片厚度的增加,怀山药片微波真空干燥的干燥速率基本相等,切片厚度对干燥速率的影响不明显。

(2) 干燥参数对鲜切怀山药片感官品质的影响

图 4.38 为微波真空干燥下不同切片厚度的怀山药片图片,经多次实验验证,干燥后期所采用的微波功率和真空度对怀山药微波真空干燥品质几乎没有影响,因此对怀山药片感官品质影响最大的是切片厚度。

由图 4.38 中可知,怀山药片切片越薄色泽越好,亮度越高,但是变形较严重;切片越厚外观变形较小,但色泽会发暗。

图 4.38　微波真空干燥的怀山药

（3）干燥参数对鲜切怀山药片复水率的影响

① 微波功率对鲜切怀山药片复水率的影响　图 4.39 为干制怀山药片复水率与微波真空干燥参数微波功率的关系图。

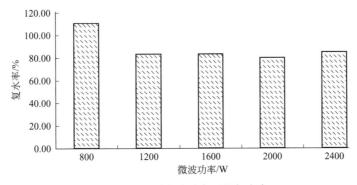

图 4.39　不同微波功率下的复水率

从柱形图 4.39 中可看出，800W 时干制怀山药片的复水率最高，达到了 110％，而在 1200～2400W，复水率基本不变，维持在 80％左右。

② 真空度对鲜切怀山药片复水率的影响　图 4.40 为干制怀山药片复水率与微波真空干燥参数真空度之间的关系图。

从柱形图 4.40 中可看出，复水率随着真空度的增加而增加，到真空度为 -0.04MPa 时最大，之后再逐渐减小，其复水率在 80％～120％。

③ 切片厚度对鲜切怀山药片复水率的影响　图 4.41 为干燥怀山药片复水率与切片厚度之间的关系图。

从柱形图 4.41 中可看出，随着切片厚度的增高，复水率逐渐减小，最高时达到 130％多，最低为 75％。分析原因为切片薄时，干燥过程中物料水分从物料内部快速移出时所经历的路程短，对物料组织损害得轻，使其复水率高；随着切片厚度的增加，水分在快速移出物料的过程中对物料的损害就越严重，降低了物料的复水率。

（4）干燥参数对鲜切怀山药片多糖得率的影响

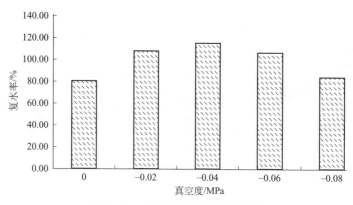

图 4.40　不同真空度下的复水率

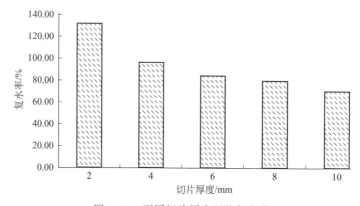

图 4.41　不同切片厚度下的复水率

① 微波功率对鲜切怀山药片多糖得率的影响　图 4.42 为不同微波功率对怀山药片多糖得率的影响图。

从柱形图 4.42 中可看出，随着微波功率的升高，多糖得率逐渐升高，多糖得率在 4.7%～6.4%。微波具有分解作用，怀山药中含有大量的淀粉，淀粉又分为溶于水的直链淀粉和不溶于水的支链淀粉，支链淀粉在外电场的作用下，发生解链现象，形成溶于水的直链淀粉，这也许是造成多糖得率随着微波功率的增加而逐渐增加的一个主要原因。

② 真空度对鲜切怀山药片多糖得率的影响　图 4.43 为不同真空度对怀山药片多糖得率的影响图。

由柱形图 4.43 可知，随着真空度的升高，怀山药片的多糖得率逐渐下降，得率在 4.7%～7.1% 之间。这是因为真空度越低，干燥过程中，物料的内部温度就会越低，淀粉分解现象越少。

③ 切片厚度对鲜切怀山药片多糖得率的影响　图 4.44 为不同切片厚度对怀

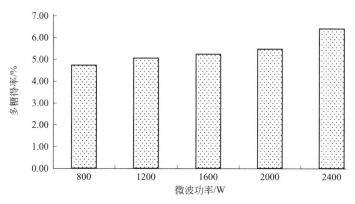

图 4.42 不同微波功率下的多糖得率

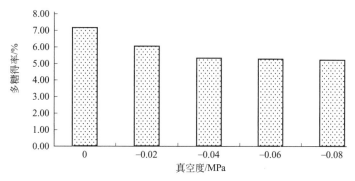

图 4.43 不同真空度下的多糖得率

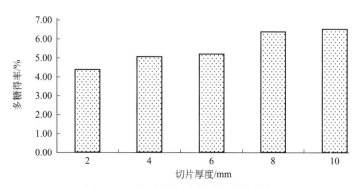

图 4.44 不同切片厚度下的多糖得率

山药片多糖得率的影响图。

由柱形图 4.44 可知,随着切片厚度的增加,怀山药多糖得率越高,但是当切片厚度达到 8mm 以后,多糖得率增加得很少,其多糖得率在 4.4%~6.6%。

（5）干燥参数对鲜切怀山药片皂苷得率的影响

① 微波功率对鲜切怀山药片皂苷得率的影响　图 4.45 为不同微波功率对怀山药片皂苷得率的影响图。

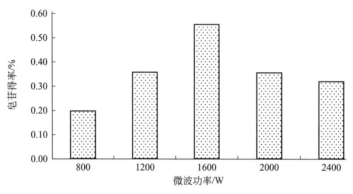

图 4.45　不同微波功率下的皂苷得率

由柱形图 4.45 可知，怀山药皂苷得率随着微波功率的升高逐渐增加，当微波功率为 1600W 时达到最高，为 0.56%。之后又随着功率升高而下降，皂苷得率在 0.2%～0.56%。微波属于电磁波，在微波场中能加速介质质点的运动，使之更加快速地溶于水中。在干燥过程中，由于微波的作用，使一部分的皂苷提前溶解于怀山药的自由水中，间接地增加了皂苷提取时的提取率；同时微波也具有分解功能，随着功率的增加而增大，当微波的分解能力大于辅助增加提取率能力时，皂苷得率也就降了下来。

② 真空度对鲜切怀山药片皂苷得率的影响　图 4.46 为不同真空度对怀山药片皂苷得率的影响图。

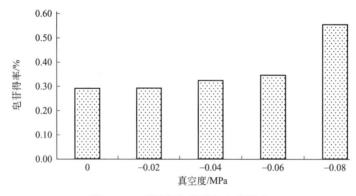

图 4.46　不同真空度下的皂苷得率

由柱形图 4.46 可知，随着真空度的增加，皂苷得率缓慢地上升，当真空度为 -0.08MPa 时，皂苷得率急剧上升。皂苷得率的范围在 0.29%～

0.56%。这可能是因为真空度越高，物料温度越低，微波处理时间越短，皂苷的分解、挥发现象越轻微；当真空度为−0.08MPa时，物料的温度维持在60℃左右，可能是在这个温度下皂苷还未大量分解、挥发而造成了皂苷含量急剧上升。

③ 切片厚度对鲜切怀山药片皂苷得率的影响　图4.47为不同切片厚度对怀山药片皂苷得率的影响图。

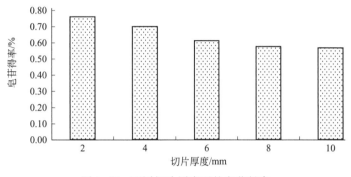

图4.47　不同切片厚度下的皂苷得率

由柱形图4.47可知，切片厚度越薄，怀山药的皂苷得率越高，随着切片厚度的增加，皂苷得率逐渐降低。皂苷得率在0.56%~0.77%。

4.3.2.4　小结

① 干燥动力学研究表明：微波真空干燥过程中，水分随着干燥时间的增加持续减少；干燥的3个阶段中，微波真空干燥的升速阶段基本没有，在很短的时间达到了恒速阶段；干燥速率随着微波功率的增加逐渐增加，随着真空度的上升逐渐增加，但是切片厚度对干燥速率的影响不大。

② 感官品质研究表明：微波功率和真空度对怀山药的感官品质影响不大，切片厚度对感官品质的影响较大。切片越薄，色泽越亮，但是变形现象较严重；切片越厚，色泽发暗，当厚度增加到6mm后，基本不再变形。

③ 复水率研究表明：复水率随着微波功率的增加而减少，但是在微波功率达到1200W以后基本不再变化；随着真空度的增加逐渐上升，到真空度为−0.04MPa时达到最高，之后再逐渐下降；随着切片厚度的增加逐渐减少。

④ 多糖得率研究表明：多糖得率具有明显的规律性。随着微波功率的增加而增加；随着真空度的上升而下降；随着切片厚度的增加而增加。

⑤ 皂苷得率研究表明：皂苷得率随着微波功率的增加逐渐上升，到1600W时达到最高，之后逐渐下降；随着真空度的升高，前期变化缓慢，当到真空度为−0.08MPa时急剧上升；随着切片厚度的增加逐渐减少。

4.3.3 鲜切怀山药片微波真空干燥数学模型的建立

4.3.3.1 引言

干燥是加工过程的重要环节，已广泛应用于食品、化工、医药及农副产品加工等行业。随着干燥技术的不断发展，使用数学模型来表述或描述干燥过程已成为干燥研究领域的重要内容，利用干燥模型对干燥进程、干燥效果进行预测也已成为指导试验及生产的重要手段，对干燥理论的发展及应用具有十分重要的现实意义。

本节以4.3.1部分的实验结果数据为基础，拟建立与微波功率和真空度有关的怀山药片微波真空薄层干燥模型，并对其进行评价，以期得到用来描述怀山药微波真空干燥中水分比变化规律的数学模型。

4.3.3.2 实验材料与方法

（1）实验材料

怀山药：从河南温县当地市场购得。选择个体完整、粗细均匀、表皮无霉、无病虫害、无损伤、肉质洁白的光皮长柱形新鲜怀山药。

（2）实验仪器及设备

物料烘干实验台（GHS-Ⅱ型，黑龙江农业仪器设备修造厂）；

电子天平（BS223S型，北京赛多利有限公司）；

微波真空干燥设备（HWZ-2B型，广州兴兴微波能设备有限公司）。

（3）实验方法

怀山药经清洗、削皮、切片（厚度6mm）处理后，称取300g放入微波真空干燥箱中，设定微波功率，抽真空；当真空度降到实验值时，开启微波，5min称重一次。分别研究微波功率和真空度对怀山药微波真空干燥特性的影响。

微波功率：800W、1200W、1600W、2000W、2400W（真空度－0.08MPa）；

真空度：－0.02MPa、－0.04MPa、－0.06MPa、－0.08MPa（微波功率1600W）。

由于微波真空干燥后期物料易出现局部高温焦化现象，为避免出现此现象以保证物料干燥品质，经研究摸索将微波真空干燥分两步骤进行：

① 采用不同干燥条件连续干燥物料，干燥至物料水分除去85%时，停止干燥，此时怀山药的含水率为50%，干基含水率为1；

② 调节干燥参数为：微波功率800W，真空度－0.08MPa，进行间歇干燥，实际操作为加热1min停1min，干燥至物料安全储存水分〔根据国家医药管理局（82）药储字第17号文件规定，怀山药的安全储存水分为12%～17%〕。

经实验得出，此方法干燥出来的物料品质较好，不会出现焦化现象。

利用这 8 组干燥曲线建立怀山药的薄层干燥模型。采用 DPS 数据处理系统进行分析和回归。

水分比 M_R 用于表示一定干燥条件下物料还有多少水分未被干燥除去，可以用来反应物料干燥速率的快慢。计算公式为：

$$M_R = \frac{M_t - M_e}{M_0 - M_e} \tag{4.14}$$

式中 M_t——物料在 t 时刻的含水率，干基％；

       M_0——物料的初始含水率，干基％；

       M_e——物料的平衡含水率，干基％。

4.3.3.3 结果与分析

（1）干燥模型的建立

首先对 8 组干燥曲线处理，以 t 为横坐标，M_R 为纵坐标，在坐标系上作图，如图 4.48、图 4.49 所示。由于实验过程是分两步骤进行的，而第二步骤属于间歇干燥，干燥时间与水分比的关系无法确立，因此，建立的模型用于表征物料前期的连续干燥过程，怀山药的干燥终点为干基含水率为 1。图 4.48、图 4.49 分别为不同干燥条件下时，物料水分除去 85％时的 M_R-t 关系图。

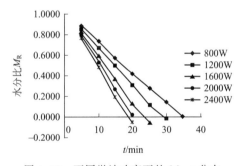

图 4.48 不同微波功率下的 M_R-t 分布

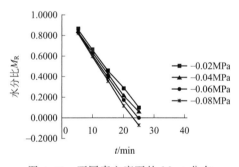

图 4.49 不同真空度下的 M_R-t 分布

由图 4.48、图 4.49 可知，怀山药微波真空干燥过程中在水分除去 85％以前，水分比与时间的线性非常明显。对曲线进行线性回归，得到 8 个线性回归方程，相关系数 R^2 见表 4.5，R^2 在 0.999～0.9996，平均值为 0.99855，表明 M_R 与 t 呈良好的线性关系，不需要套用经验模型 [分别对 M_R 和 t 进行求对数，使 $\ln(-\ln M_R)$ 与 $\ln t$ 呈线性关系]，因此 M_R 与 t 的关系式为：

$$M_R = k + Nt \tag{4.15}$$

式中，k、N 为系数。

表 4.5　各组干燥曲线的相关系数

相关系数 R^2	微波功率/W(真空度-0.08MPa)					真空度 MPa(功率 1600W)		
	800	1200	1600	2000	2400	-0.02	-0.04	-0.06
R^2	0.999	0.9988	0.9986	0.9996	0.9972	0.9992	0.9977	0.9983

将图 4.48 拟合的 5 条直线斜率 N 对功率 W 作图，如图 4.50 所示。对 N 和 W 进行线性回归，R^2 为 0.987142，所以 N 与 W 也呈线性关系，其线性关系式为：

$$N = a_1 + a_2 W \tag{4.16}$$

将图 4.48 中 5 条直线方程中的系数 K 对 W 作图，结果为一曲线。但是把 N 除以 K 再对 W 作图，如图 4.51 所示，可以看出 $\dfrac{N}{K}$ 和 W 呈较好的线性关系，进行线性回归，R^2 为 0.98943。因此可得方程式：

$$\frac{N}{K} = b_1 + b_2 W \tag{4.17}$$

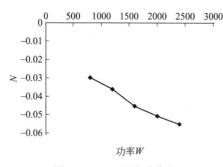

图 4.50　N-W 关系曲线

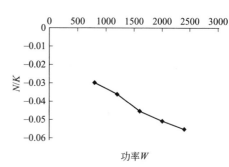

图 4.51　N/K-W 的关系曲线

如果用 $\dfrac{N}{K}$ 来代替 K，可得方程式：

$$K = b_1 + b_2 W \tag{4.18}$$

式(4.17) 可变为：

$$M_R = \frac{N}{K} + Nt \tag{4.19}$$

得：

$$M_R = N\left(\frac{1}{K} + t\right) \tag{4.20}$$

将图 4.49 中拟合的 4 条直线斜率 N 对真空度 P 作图，如图 4.52 所示。对 N 和 P 线性回归，得 R^2 为 0.981736，N 与 P 也呈线性关系，其线性关系式为：

$$N = c_1 + c_2 P \tag{4.21}$$

利用图 4.49 中求得的 K 对 P 作图，如图 4.53 所示，发现两者呈良好的线

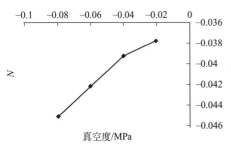

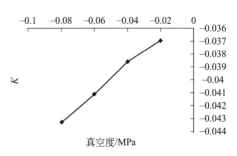

图 4.52 $N\text{-}P$ 的关系曲线　　　　　图 4.53 $K\text{-}P$ 的关系曲线

性关系，线性回归的 R^2 为 0.993062，可得线性方程：

$$K = d_1 + d_2 P \tag{4.22}$$

综上，斜率 N 分别与 W 和 P 呈线性关系，K 与 W 和 P 也呈线性关系，因此，由综合式（4.20）和式（4.21）可得：

$$N = d_1 + d_2 W + d_3 P \tag{4.23}$$

综合式（4.21）和式（4.22）可得：

$$K = d_4 + d_5 W + d_6 P \tag{4.24}$$

将式（4.23）和式（4.24）代入式（4.20），可得 M_R 的薄层模型方程为：

$$M_R = (d_1 + d_2 W + d_3 P)\left(\frac{1}{d_4 + d_5 W + d_6 P} + t\right) \tag{4.25}$$

（2）模型参数的确定

将图 4.50 和图 4.52 回归所得的 N 与 W 和 P 进行多元线性回归，可得：

$$N = 0.1032253P - 1.6286 \times 10^{-5} W - 0.009729556$$

$$(R^2 = 0.981989) \tag{4.26}$$

将图 4.51 和图 4.53 回归所得的 K 与 W 和 P 进行多元线性回归，可得：

$$K = 0.0892959P - 1.566473 \times 10^{-5} W - 0.01023925$$

$$(R^2 = 0.985625) \tag{4.27}$$

即水分比预测模型为：

$$M_R = (0.1032P - 1.6286 \times 15^{-5} W - 0.009723)$$

$$\left(\frac{1}{0.0893P - 1.5665 \times 10^{-5} W - 0.01024} + t\right)$$

（3）模型方程的验证

在真空度 -0.08MPa 下，不同微波功率条件下的干燥曲线实验结果和模型值如图 4.54 所示，在微波功率为 1600W 下，不同真空度条件下的干燥曲线实验结果和模型值如图 4.55 所示。由图 4.54 和图 4.55 可知，图中的模型值和实测值拟合较好，说明该模型具有较好的预测性，能很好地描述和表达怀山药微波真空干燥规律。

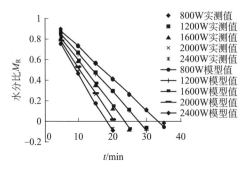

图 4.54　不同微波功率下的干燥曲线

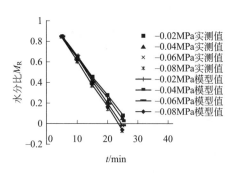

图 4.55　不同真空度下的干燥曲线

4.3.3.4　小结

为了很好地描述和预测怀山药微波真空干燥过程中水分的变化规律，建立了与微波功率和真空度有关的怀山药微波真空干燥 M_R-t 数学模型。模型如下：

$$M_R = (0.1032P - 1.6286 \times 15^{-5}W - 0.00973)$$

$$\left(\frac{1}{0.0893P - 1.5665 \times 10^{-5}W - 0.01024} + t \right) \quad (4.28)$$

根据试验内容，模型的适用范围为装载量 300g，切片厚度 6mm，$-0.08\text{MPa} \leqslant$ 真空度 $\leqslant -0.02\text{MPa}$，$800\text{W} \leqslant$ 微波功率 $\leqslant 2400\text{W}$，干燥终点为水分除去 85%。

经模型值与实验值的拟合比较，该模型能较好地描述和表达怀山药微波真空干燥过程中水分比的变化规律。

4.3.4　鲜切怀山药片微波真空干燥工艺的优化

4.3.4.1　引言

本节以新鲜怀山药为原料，通过三因素二次通用旋转组合实验设计，进行怀山药片的微波真空干燥实验，建立耗能功效、多糖含量、皂苷含量、干燥速率及复水率的回归方程并进行显著性检验。以期得到怀山药的最佳微波真空干燥工艺。

4.3.4.2　实验材料与方法

（1）材料与试剂

怀山药：从河南温县当地市场购得。选择个体完整、粗细均匀、表皮无霉、无病虫害、无损伤、肉质洁白的光皮长柱形新鲜怀山药。

试剂（分析纯）：葡萄糖、石油醚、无水乙醇、苯酚、浓硫酸、高氯酸、香草醛、冰醋酸、正丁醇、薯蓣皂苷、甲醇。

（2）二次通用旋转组合实验设计

① 因素水平编码表的编制　通过单因素实验得出真空度、微波功率和切片厚度对怀山药的干燥影响显著，因此，选择微波功率、真空度和切片厚度为实验研究因素，微波功率的取值范围为 $800\mathrm{W} \leqslant X_1 \leqslant 2400\mathrm{W}$，真空度的取值范围为 $-0.08\mathrm{MPa} \leqslant X_2 \leqslant 0\mathrm{MPa}$，切片厚度的取值范围为 $2\mathrm{mm} \leqslant X_3 \leqslant 10\mathrm{mm}$，若 x_{2j}、x_{1j} 分别表示 x_j 的上水平和下水平，则

$$x_{0j} = \frac{1}{2}(x_{1j} + x_{2j}) \tag{4.29}$$

x_{0j} 为 x_j 的零水平，变化区间为

$$\Delta_j = \frac{1}{r}(x_{2j} - x_{0j}) \tag{4.30}$$

则通过变换

$$z_j = \frac{x_j - x_{0j}}{\Delta_j} \tag{4.31}$$

因素水平编码表见表4.6。

表 4.6　因素水平编码表

X（编码空间）	因素(实际空间)		
	Z_1 微波功率/W	Z_2 真空度/MPa	Z_3 切片厚度/mm
$1.682(z_{2j})$	2400	-0.08	10
$1(z_{0j}+\Delta_j)$	2075	-0.0638	8.38
$0(z_{0j})$	1600	-0.04	6
$-1(z_{0j}-\Delta_j)$	1125	-0.0162	3.62
$-1.682(z_{1j})$	800	0	2
Δ_j	475	-0.0238	2.38

② 三因素二次回归通用旋转组合设计实验方案　二次回归通用旋转组合设计是通过组合设计来实现的，n 个实验点由3类实验点组合而成：

$$n = m_c + m_r + m_0 = m_c + 2p + m_0 \tag{4.32}$$

n 个实验点分布在3个半径不相等的球面上，其中：

m_c 个点分布在半径为 $\rho_c = p$ 的球面上（p 为试验参数的个数）；

$2p$ 个点分布在半径为 $\rho_r = r$ 的球面上；

m_0 个点分布在半径为 $\rho_0 = 0$ 的球面上。

由 $p = 3$ 查表得 $m_0 = 6$，$n = 20$，$r = 1.682$。

二次通用旋转组合实验设计具体的参数和实验次数见表4.7。

表 4.7 实验次数设计

因素个数	M_c	星号臂	$2P$	M_0	试验总次数 N
3	8	1.682	6	6	20

根据上述因素水平编码表和试验次数设计，设计的总体实验方案见表 4.8。

表 4.8 三因素二次回归通用旋转组合设计实验方案

试验号	Z_1	Z_2	Z_3
1	1	1	1
2	1	1	−1
3	1	−1	1
4	1	−1	−1
5	−1	1	1
6	−1	1	−1
7	−1	−1	1
8	−1	−1	−1
9	−1.682	0	0
10	1.682	0	0
11	0	−1.682	0
12	0	1.682	0
13	0	0	−1.682
14	0	0	1.682
15	0	0	0
16	0	0	0
17	0	0	0
18	0	0	0
19	0	0	0
20	0	0	0

利用方差分析，进行回归方程的拟合度检验和显著性检验，可将不显著项直接剔除，使预测模型方程简化。分析三因素及其交互作用对个指标的影响，由此确定各因素的最佳工艺参数，并在此基础上进行验证实验。

4.3.4.3 实验结果与分析

以多糖得率和皂苷得率为指标，采用二次通用旋转组合实验设计方法设计了怀山药片的微波真空干燥回归实验，回归实验结果见表 4.9。

（1）回归模型

根据 20 次试验得出的各指标实验结果，采用 DPS 软件进行处理，多糖得率、皂苷得率和复水率的回归模型如下：

表 4.9 三因素二次通用旋转组合设计实验结果

实验号	Z_1 微波功率/(W/g)	Z_2 真空度/MPa	Z_3 切片厚度/mm	Y_1 多糖得率/%	Y_2 皂苷得率/%	Y_3 复水率/%
1	+1	+1	+1	6.77	0.28	50.00%
2	+1	+1	−1	5.45	0.34	68.52%
3	+1	−1	+1	7.85	0.21	40.91%
4	+1	−1	−1	6.25	0.26	66.67%
5	−1	+1	+1	6.09	0.28	35.35%
6	−1	+1	−1	4.8	0.34	64.29%
7	−1	−1	+1	7.04	0.21	45.45%
8	−1	−1	−1	5.68	0.26	61.33%
9	−1.682	0	0	5.06	0.12	61.54%
10	+1.682	0	0	6.55	0.13	71.88%
11	0	−1.682	0	7.18	0.35	44.12%
12	0	+1.682	0	5.38	0.47	51.85%
13	0	0	−1.682	4.63	0.41	77.78%
14	0	0	+1.682	6.81	0.31	32.43%
15	0	0	0	5.45	0.32	68.00%
16	0	0	0	5.33	0.31	65.63%
17	0	0	0	5.37	0.33	63.64%
18	0	0	0	5.42	0.34	66.67%
19	0	0	0	5.29	0.33	61.76%
20	0	0	0	5.35	0.32	65.63%

多糖得率模型：

$$Y_1 = 5.35956 + 0.3819Z_1 - 0.4933Z_2 + 0.6763Z_3 + 0.2118Z_1^2 + 0.3797Z_2^2 +$$
$$0.1817Z_3^2 - 0.0625Z_1Z_2 + 0.03375Z_1Z_3 - 0.04375Z_2Z_3 \tag{4.33}$$

皂苷得率模型：

$$Y_2 = 0.32578 + 0.00123Z_1 + 0.03674Z_2 - 0.02842Z_3 - 0.07582Z_1^2 +$$
$$0.02494Z_2^2 + 0.00726Z_3^2 - 0.0025Z_2Z_3 \tag{4.34}$$

复水率模型：

$$Y_3 = 65.323 + 2.934Z_1 + 1.0105Z_2 - 11.8892Z_3 - 0.1359Z_1^2 - 6.7561Z_2^2 -$$
$$4.2388Z_3^2 + 1.885Z_1Z_2 + 0.4425Z_1Z_3 - 1.1025Z_2Z_3 \tag{4.35}$$

式中 Y_1，Y_2，Y_3——怀山药的多糖得率、皂苷得率、复水率；

Z_1，Z_2，Z_3——自变量真空度、微波功率和切片厚度的编码值。

（2）模型显著性检验

对各回归方程进行方差分析，结果见表4.10、表4.11，根据方差分析，进行回归方程的拟合度和显著性检验。

表 4.10　多糖得率回归方程的方程检验表

检验类别	方差来源	平方和	自由度	均方	比值 F	显著水平
系数检验	Z_1	18.4087	1	18.4087	576.29597	$\alpha=0.01$
	Z_2	30.7137	1	30.7137	961.51091	$\alpha=0.01$
	Z_3	57.7254	1	57.7254	1807.12707	$\alpha=0.01$
	Z_1^2	5.9717	1	5.9717	186.94879	$\alpha=0.01$
	Z_2^2	19.1997	1	19.1997	601.05719	$\alpha=0.01$
	Z_3^2	4.3970	1	4.3970	137.65150	$\alpha=0.01$
	Z_1Z_2	0.0029	1	0.0029	0.09041	不显著
	Z_1Z_3	0.0842	1	0.0842	2.63621	不显著
	Z_2Z_3	0.1415	1	0.1415	4.42985	不显著
失拟检验	失拟	0.3021	5	0.0319	17.482	不失拟
	误差	0.0173	5	0.0035		
方程检验	回归	14.3471	9	1.5941	49.905	$\alpha=0.01$
	剩余	0.3194	10	0.0319		
	总和	14.6666	19			

注：$F_{0.01}(1,10)=10.04$，$F_{0.01}(9,10)=4.94$。

表 4.11　皂苷得率回归方程的方程检验表

检验类别	方差来源	平方和	自由度	均方	比值 F	显著水平
系数检验	Z_1	0	1	0	0.18828	不显著
	Z_2	0.0416	1	0.0416	167.62708	$\alpha=0.01$
	Z_3	0.0249	1	0.0249	100.30472	$\alpha=0.01$
	Z_1^2	0.1868	1	0.1868	753.15898	$\alpha=0.01$
	Z_2^2	0.0202	1	0.0202	81.50246	$\alpha=0.01$
	Z_3^2	0.0017	1	0.0017	6.91344	$\alpha=0.05$
	Z_1Z_2	0	1	0	0	不显著
	Z_1Z_3	0	1	0	0	不显著
	Z_2Z_3	0.0001	1	0.0001	0.45455	不显著
失拟检验	失拟	0.0019	5	0.0004	4	不失拟
	误差	0.0006	5	0.0001		
方程检验	回归	0.1298	9	0.0144	58.164	$\alpha=0.01$
	剩余	0.0025	10	0.0002		
	总和	0.1323	19			

注：$F_{0.01}(1,10)=10.04$，$F_{0.05}(1,10)=4.96$，$F_{0.01}(9,10)=4.94$。

表 4.12 复水率回归方程的方程检验表

检验类别	方差来源	平方和	自由度	均方	比值 F	显著水平
系数检验	Z_1	487.001	1	487.001	23.86153	$\alpha=0.01$
	Z_2	57.7659	1	57.7659	2.83035	不显著
	Z_3	7996.5872	1	7996.5872	391.80788	$\alpha=0.01$
	Z_1^2	1.1005	1	1.1005	0.05392	不显著
	Z_2^2	2724.8215	1	2724.8215	133.50777	$\alpha=0.01$
	Z_3^2	1072.5785	1	1072.5785	52.55301	$\alpha=0.01$
	Z_1Z_2	117.7498	1	117.7498	5.76937	$\alpha=0.05$
	Z_1Z_3	6.4888	1	6.4888	0.31793	不显著
	Z_2Z_3	40.2805	1	40.2805	1.97362	不显著
失拟检验	失拟	179.4595	5	35.8919	7.285	不失拟
	误差	24.6351	5	4.9270		
方程检验	回归	2955.5367	9	328.3930	16.080	$\alpha=0.01$
	剩余	204.0946	10	20.4095		
	总和	3159.6314	19			

注：$F_{0.01}(1,10)=10.04$，$F_{0.05}(1,10)=4.96$，$F_{0.01}(9,10)=4.94$。

由表 4.10、表 4.11 和表 4.12 可知，模型显著水平 $P<0.05$，回归方程显著，说明该模型可用于影响规律的分析。将不显著相剔除后，回归模型如下所示。

多糖得率模型：

$$Y_1=5.35955+0.38192Z_1-0.49332Z_2+0.67631Z_3+0.21176Z_1^2+ \\ 0.3797Z_2^2+0.18171Z_3^2 \tag{4.36}$$

皂苷得率模型：

$$Y_2=0.32578+0.03674Z_2-0.02842Z_3-0.07582Z_1^2+0.02494Z_2^2+ \\ 0.00726Z_3^2 \tag{4.37}$$

复水率模型：

$$Y_3=65.323+2.934Z_1-11.8892Z_3-6.7561Z_2^2-4.2388Z_3^2+1.885Z_1Z_2 \tag{4.38}$$

根据二次通用旋转组合设计因子与编码变换公式：

$$Z_j=\frac{x_j-x_0}{\Delta_j} \tag{4.39}$$

可得：$Z_1=\dfrac{x_1-1600}{475}$；$Z_2=\dfrac{x_2-0.04}{0.0238}$；$Z_3=\dfrac{x_3-6}{2.38}$

可分别将上述公式代入式(4.35)~式(4.37)，可换算为用自变量表示的回归方程为：

$$Y_1=7.0811-0.0022x_1-74.3539x_2-0.1038x_3+9.3855\times10^{-7}x_1^2+ \\ 670.3270x_2^2+0.3208x_3^2 \tag{4.40}$$

$$Y_2 = -0.3524 + 0.001075x_1 - 1.9787x_2 - 0.02732x_3 - 3.3604 \times 10^{-7}x_1^2 +$$
$$44.02938x_2^2 + 0.001282x_3^2 \tag{4.41}$$

$$Y_3 = 50.0609 - 0.000493x_1 + 687.3994x_2 + 3.9844x_3 - 11927.3033x_2^2 -$$
$$0.7483x_3^2 + 0.1667x_1x_2 \tag{4.42}$$

式中　Y_1，Y_2，Y_3——怀山药的多糖得率、皂苷得率、复水率；

　　　x_1，x_2，x_3——自变量真空度、微波功率和切片厚度的实际值。

（3）模型验证及参数优化

① 模型验证　将上述实验方案的变量值带入各模型计算其预测值，图 4.56～图 4.58 为各模型预测值和实测值的比较关系。

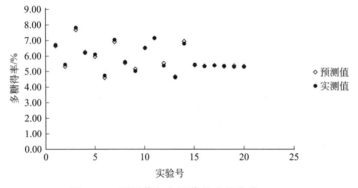

图 4.56　预测值与实测值的比较曲线（一）

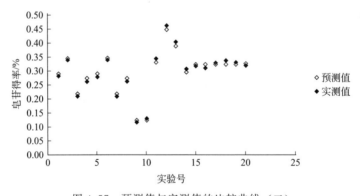

图 4.57　预测值与实测值的比较曲线（二）

由图 4.56～图 4.58 可以看出其预测值与实测值接近，同样证明了所建立的回归方程与实际情况拟合较好。

② 参数优化　利用 DPS 数据分析软件分别对上述拟合模型进行参数优化。

当微波功率为 2400W、真空度为 0MPa、切片厚度为 10mm 时，多糖得率最高，为 10.16％；当微波功率为 1600W、真空度为 −0.08MPa、切片厚度为

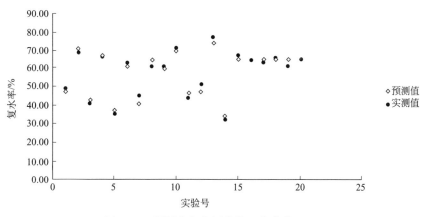

图 4.58 预测值与实测值的比较曲线（三）

2mm 时，皂苷得率最高，为 0.53％；当微波功率为 2400W、真空度为 −0.04MPa、切片厚度为 2mm 时，复水率最高，为 78.26％。

4.3.4.4 小结

本章采用三因素二次通用旋转组合设计，分别建立了多糖得率、皂苷得率的回归模型，分析了微波功率、真空度和切片厚度对怀山药干燥品质指标的影响规律，分别建立了多糖得率 Y_1、皂苷得率 Y_2 和复水率 Y_3 的回归方程：

$$Y_1 = 7.0811 - 0.0022x_1 - 74.3539x_2 - 0.1038x_3 + 9.3855 \times 10^{-7}x_1^2 + 670.3270x_2^2 + 0.3208x_3^2 \tag{4.43}$$

$$Y_2 = -0.3524 + 0.001075x_1 - 1.9787x_2 - 0.02732x_3 - 3.3604 \times 10^{-7}x_1^2 + 44.02938x_2^2 + 0.001282x_3^2 \tag{4.44}$$

$$Y_3 = 50.0609 - 0.000493x_1 + 687.3994x_2 + 3.9844x_3 - 11927.3033x_2^2 - 0.7483x_3^2 + 0.1667x_1x_2 \tag{4.45}$$

经对回归方程进行显著性检验和失拟检验，得到的回归方程显著不失拟，说明该模型可用于影响规律的分析。

由模型得出的最佳参数为：当微波功率为 2400W、真空度为 0MPa、切片厚度为 10mm 时，多糖得率最高，为 10.16％；当微波功率为 1600W、真空度为 −0.08MPa、切片厚度为 2mm 时，皂苷得率最高，为 0.53％；当微波功率为 2400W、真空度为 −0.04MPa、切片厚度为 2mm 时，复水率最高，为 78.26％。

◀参考文献▶

[1] Jiang H, Zhang M, Mujumdar A S. Microwave freeze drying characteristics of banana crisps

[J]. Drying Technology 2010, 28（12）: 1377-1384.

[2] Wang R, Zhang M, Mujumdar A S. Effect of food ingredient on microwave freeze drying of instant vegetable soup [J]. LWT-Food Science and Technology 2010, 43（7）: 1144-1150.

[3] 黄姬俊. 香菇微波真空干燥技术的研究 [D]. 福州:福建农林大学, 2010: 9-47.

[4] 黄艳, 黄建立, 郑宝东. 银耳微波真空干燥特性及动力学模型 [J]. 农业工程学报, 2010, 26（4）: 362-367.

[5] 李辉, 林河通, 袁芳, 等. 荔枝果肉微波真空干燥特性与动力学模型 [J]. 农业机械学报, 2012, 43（6）: 107-112.

[6] 魏巍, 李维新, 何志刚, 等. 绿茶微波真空干燥特性及动力学模型 [J]. 农业工程学报, 2010, 26（10）: 367-371.

[7] 刘海军. 微波真空膨化浆果脆片的机理研究 [D]. 哈尔滨: 东北农业大学, 2013.

[8] 李维新, 魏巍, 何志刚, 等. 糖姜间歇微波真空干燥特性及其动力学模型 [J]. 农业工程学报, 2012, 28（1）: 262-265.

[9] 田玉庭, 陈洁, 庄培荣, 等. 响应面法优化龙眼肉微波真空干燥工艺 [J]. 热带作物学报, 2011, 32（12）: 2352-2357.

第5章 食品新型喷雾干燥技术与应用

5.1 喷雾干燥技术概述

早在 19 世纪初期就出现了喷雾干燥技术，距今已有 200 多年的历史，喷雾干燥是一种利用雾化器将料液分散成小雾滴，同时高热空气与雾滴直接接触而获得粉粒状产品的干燥方式。只要干燥条件保持恒定，干燥产品特性就保持恒定。喷雾干燥的操作是连续的，其系统可以是全自动控制操作，喷雾干燥系统适用于热敏性和非热敏性物料的干燥，适用于水溶液和有机溶剂物料的干燥。原料液可以是溶液、泥浆、乳浊液、糊状物或熔融物，甚至是滤饼等均可处理。喷雾干燥操作具有非常大的灵活性，喷雾能力可达每小时几千克至 200t。喷雾干燥具有干燥快、耗时短、承受高温时间短、易于连续化生产等优点，且能保持原料原有的色泽、风味，干燥后粉的分散性、流动性和溶解性都较好，含水量低，利于贮存，其良好的适应性和优越性非常符合现代食品干燥的发展方向，但喷雾干燥技术在粉制品加工中也存在以下一些问题。

（1）粘壁问题

喷雾干燥工程中，被干燥物料粘于干燥塔和旋风分离器内壁上的现象为粘壁，物料长时间停留在内壁上，由于有黏性会使干粉附着在黏物料上，使喷雾干燥出粉率大大降低，影响产品质量。总体来说，物料粘壁可划分为以下 3 种类型：①半湿物料粘壁，是指喷嘴喷出的小液滴在表面未干燥前就和喷雾干燥塔壁接触而粘于壁上；②干粉表面黏附，干粉表面黏附是由于喷雾干粉颗粒粒径细小，在喷雾干燥塔有限空间内运动，很容易碰到塔壁而粘壁，这主要和塔壁的几何形状、接触面的粗糙程度、干燥室内的空气流速等有关；③低熔点物料的热熔性粘壁，它主要是由于干燥室温度高于干燥物料的玻璃化温度，使物料在高温下热熔而造成的粘壁现象。果蔬浆料的黏性程度对喷雾干燥效果也有很大影响，黏性原料喷雾难度大，果蔬浆中含有大量的小分子糖而黏性较大，且玻璃化转变温度很低，主要为葡萄糖（玻璃化转变温度 T_g 为 31℃）和果糖（玻璃化转变温度

T_g 为 5℃），使其在很低的温度下就能进行玻璃态转变，喷雾干燥困难，容易产生低熔点物料粘壁，且在喷雾干燥过程中，果蔬粉很容易吸湿结块。针对这些问题，研究者一般通过加入催化酶或玻璃化转变温度较高的麦芽糊精、β-环糊精、卡拉胶等提高玻璃化转变温度和调节果浆黏度，大大提高了喷雾干燥果蔬粉的出粉率，也改善了粘壁和吸湿结块现象。除此之外，热风温度、热风流量、进料流量等对果蔬粉含水量、流动性、溶解性的影响很大。

（2）护色问题

多酚氧化酶（PPO）是果蔬中广泛存在的一种酶，当果肉暴露在空气中时，多酚类物质就会在 PPO 作用下氧化褐变，使产品颜色变深。因此怎样抑制 PPO 活性是备受国内外学者关注的问题，一般情况下采用降低氧含量以及添加化学抑制剂（亚硫酸盐类、含硫化合物、抗坏血酸）的方法。近年来由于亚硫酸盐安全性不被人们认可，抗坏血酸和柠檬酸就成为亚硫酸盐护色替代品。另外，果实中大多数酶在 60～70℃ 下便失去活性，因此，热烫处理也能起到很好的护色效果。PPO 来源不同，理化性质也会存在差异，因此，加工过程中应根据果蔬来源和加工要求，选择合理的护色方法。

（3）喷雾干燥过程中玻璃态温度的转变与控制

玻璃化转变即物料从液态向橡胶态、再到玻璃态的转变，此时的温度即为玻璃化转变温度（T_g），在正常的喷雾干燥过程中，干燥后最终产品处于玻璃态是一种最为稳定的物理状态，但如果喷雾干燥过程在不正常情况下，产品会从玻璃态返回至橡胶态，直至熔融。干燥后期，物料温度会从气体的湿球温度开始升高，当物料温度高于 T_g 时，产品就进入橡胶态；当物料温度进一步升高时，物料会熔融，给后续的喷雾干燥造成困难，影响喷雾干燥过程和制品品质。而 T_g 的影响因素有很多，比如含水量、分子链结构形态及物料的相对分子质量等，故在实践过程中，调节工艺参数能很好地控制喷雾干燥终产品的含水量，因此，为获得高品质的果蔬粉，可从以下几个方面结合果蔬浆原料性质来调整工艺参数：①提高料液的固形物含量，可相应地降低含水量，以提高 T_g，从而使物料在喷雾干燥过程中能很快形成玻璃体；②提高物料的进料温度，从而提高蒸发速率，使雾滴水分快速降低；③加入赋形剂，由于果蔬浆的 T_g 较低，而干燥过程中干燥温度远高于果蔬浆 T_g，因此通过向料液中加入一些赋形剂来提高混合液的 T_g，从而在不改变干燥温度条件下雾滴容易转变为玻璃态而使干燥顺利进行。

由于喷雾干燥过程中温度过高，天然植物提取物或者医药产品中的活性成分常常因不耐热而遭到破坏。而喷雾冷冻干燥包含了喷雾干燥的优点，同时又克服了它的不足。喷雾冷冻干燥（spray freeze drying，SFD）是一种非常规的冷冻干燥技术，生产独特的粉状产品的同时还包括常规冻干产品的优点。SFD 高价值产品的潜在应用是由于与其他干燥技术相比，在产品结构、质量和挥发物及生物活性化合物的保留的优势，能对易粘壁、含有机物的液态物料进行快速冻干（果汁、中药浸膏等），且干燥后的成品呈颗粒状态，流动性好，颗粒粒径在一定范围内可调。

5.2 喷雾干燥制备洋葱精油微胶囊技术

洋葱（百合科，草本属）在各地均有种植，作为一种具有保健功能的蔬菜被广泛食用。洋葱精油是一种棕黄色油状物，主要成分是含硫化合物，其中含烯丙基的硫化物具有较好的抗癌功能，含丙烯基的二硫醚具有抗血小板凝聚作用。除此之外，洋葱精油还具有良好的降血糖、降血脂等功效。但是洋葱精油刺激性极强，直接应用对人体刺激较大，大多数消费者难以接受，而且精油具有挥发性，不利于储存，这限制了其进一步应用。因此，采用一种合适的方法将洋葱精油的刺激性气味掩蔽起来，对于洋葱精油的应用具有极其重要的意义。微胶囊技术已广泛应用于医药食品等各个行业，它可以将液态的精油加工成为固态粉末，很好地保护香精香料的有效成分，有利于存储、销售，同时还避免了精油直接受光、热等外界条件的影响，控制精油中有效成分的释放，缓解其刺激性气味。微胶囊化的方法可分为物理法、物理化学法、物理机械法等，其中喷雾干燥法应用比较普遍。微胶囊技术发展至今已在食品行业中有了广泛的应用，在食品添加剂中用于制作粉末香精、防腐剂等，在营养强化食品中用于制备维生素、氨基酸及各种矿物质微胶囊。

洋葱精油微胶囊的研究始于近几年，肖静等以 β-环糊精为单一壁材，采用烘箱干燥的方法制成微胶囊，结果得到的微胶囊包埋率达到 76%，包埋度为 19%。马超等以阿拉伯胶和麦芽糊精为壁材，采用喷雾干燥技术对洋葱精油进行包埋，制成洋葱精油微胶囊，有效地掩盖了其刺激性气味。虽然喷雾干燥技术制备洋葱精油微胶囊的研究已有报道，但是未见针对洋葱精油微胶囊品质进行深入研究的报道，本文研究了喷雾干燥制备洋葱精油微胶囊的工艺，以及制备过程中电镜扫描观察到的表征变化，并通过部分指标探讨不同因素对洋葱精油微胶囊品质的影响，以期为洋葱精油微胶囊工业化生产提供依据。

5.2.1 材料与方法

5.2.1.1 实验材料

洋葱，购买于洛阳市永辉超市，洗净切块烘干，粉碎后密封保存，采用溶剂浸提法制备洋葱精油备用；主要试剂有阿拉伯胶（分析纯）、β-环糊精（高纯99%）、麦芽糊精（分析纯）、分子蒸馏单甘酯（分析纯，天津市科密欧化学试剂有限公司）等。

5.2.1.2　仪器设备

SP-1500 型喷雾干燥机	上海顺仪实验设备有限公司；
FA-B 型分析天平	上海佑科仪器仪表有限公司；
UV-2600 型紫外可见分光光度计	龙尼柯（上海）仪器有限公司；
S4800 型电子扫描显微镜	日本日立公司；
TDZ5-WS 型低速多管架自动平衡离心机	湖南湘仪实验室仪器开发有限公司；
101 型电热恒温鼓风干燥箱	北京科伟永兴仪器有限公司；
DSC1 型差示量热扫描仪	瑞士 Mettler-Toledo 公司。

5.2.1.3　微胶囊的制备工艺

微胶囊壁材→加适量蒸馏水→60℃水浴锅加热搅拌至完全溶解→加入溶有乳化剂的洋葱精油→搅拌均匀→继续加热 30min→均质→冷却→喷雾干燥→洋葱精油微胶囊。

操作要点：物料中乳化剂添加量 0.2%，11000r/min 条件下均质 15min；喷雾干燥条件：进风、出风温度分别设为 180℃、80℃。

5.2.1.4　微胶囊制备工艺优化实验设计

（1）单因素实验设计

采用控制变量法对洋葱精油微胶囊制备工艺进行单因素实验设计。采用喷雾干燥法，对微胶囊壁材种类、芯壁比、固形物含量进行单因素试验，以包埋率为指标优化工艺条件。

在预实验的基础上，设定芯壁比为 1∶4，固形物含量为 20%，微胶囊壁材分别为：阿拉伯胶＋β-环糊精（4∶3）、阿拉伯胶＋麦芽糊精（4∶3）、阿拉伯胶＋β-环糊精＋麦芽糊精（3∶2∶2）测定微胶囊包埋率。设定微胶囊壁材阿拉伯胶＋β-环糊精（4∶3）、固形物含量 20%，在芯壁比 1∶2、1∶3、1∶4、1∶5、1∶6（v/m）条件下测定微胶囊包埋率。设定微胶囊壁材阿拉伯胶＋β-环糊精（4∶3）、芯壁比 1∶4，在固形物含量为 10%、15%、20%、25%、30%条件下测定微胶囊包埋率。

（2）正交试验设计

在单因素实验基础上，选择微胶囊壁材种类、芯壁比、固形物含量 3 个因素进行 $L_9(3^4)$ 正交试验设计，以微胶囊包埋率为指标确定最佳工艺条件。

5.2.1.5　洋葱精油含量的测定

（1）洋葱精油总含量的测定

洋葱精油的主要活性成分为硫代亚磺酸酯，洋葱精油的含量以硫代亚磺酸酯（TS）的含量表示。由于精油制备过程中 TS 会在匀浆时被蒜氨酸酶作用而被破坏，因此在匀浆之前先灭酶，后期再在每 100g 洋葱浆液中加入 5g 大蒜作为蒜氨酸酶源进行酶解。洋葱精油含量的测定参考吴海敏的方法修改如下：

用移液管吸取 1.00mL 洋葱精油（洋葱提取物），加入 3mL L-半胱氨酸溶液，25℃条件下反应 7min，再加入过量的 DTNB 溶液，用磷酸缓冲液定容至 25mL。以 1mL 蒸馏水代替空白液。以样品液为对照在 412nm 下测定空白液的吸光度 A_{412}。TS 含量的计算公式如下：

$$E = \frac{(A_1 - A_2) \times B \times 162.62}{14150 \times M \times 2} \times 100 \tag{5.1}$$

式中，E 为 TS 含量，%；A_1 为样品吸光度，Abs；A_2 为空白液吸光度，Abs；B 为 L-半胱氨酸稀释倍数；M 为样品质量，g；162.62 为 TS 分子质量；14150 为显色物质的摩尔消光系数；2 为一分子 TS 消耗两分子 L-半胱氨酸。

（2）微胶囊表面含油量的测定

精确称取 5.000g 微胶囊于烧杯中，在 25℃条件下加 30mL 石油醚提取 10min，用石油醚浸泡过的烘至恒重的滤纸过滤，再用石油醚冲洗 2 次，将烧杯和滤纸放入烘箱烘至恒重。洋葱精油主要成分为 TS，萃取出的成分以 TS 为主，因此萃取出油的质量即 TS 的质量。表面含油量计算公式如下：

$$w_1 = E \times W_1 \times W_2 \times 100\% \tag{5.2}$$

式中，w_1 为表面含油量，%；W_1 为萃取出的油质量，g；W_2 为样品质量，g。

（3）微胶囊产品中总油含量的测定

参考李若彤等的方法修改如下：精确称取 5.000g 洋葱精油微胶囊样品，用石油醚回流提取 5～8h，蒸馏回收提取液中的溶剂，以减重法计算总油含量。

5.2.1.6 包埋率及包埋度的测定

（1）包埋率计算

$$包埋率 = (1 - w_1/w_0) \times 100\% \tag{5.3}$$

式中，包埋率，%；w_1 为产品表面含油量，%；w_0 为微胶囊总含油量，%。

（2）包埋度测定

包埋度是洋葱精油微胶囊中有效成分洋葱精油与包埋剂复合壁材之间的比例，包埋度越大说明有效成分含量越高，包埋度计算公式如下：

$$包埋度 = 包埋率 \times W_5/W_6 \times 100\% \tag{5.4}$$

式中，包埋度，%；W_5 为洋葱精油添加量，g；W_6 为壁材用量，g。

5.2.1.7　电镜扫描

将制备好的样品溶液均匀滴在铝箔上烘干，贴到样品台上喷金，用 S4800 型电镜进行观察。

5.2.1.8　感官评定

洋葱精油微胶囊产品的感官性状对其能否被消费者接受从而扩展其市场应用范围至关重要，而感官评价是通过感觉器官对产品进行分析，由于微胶囊的色泽、气味、滋味、组织状态、可接受程度等评价指标难以清晰地分别开，在描述中存在一定的模糊性，评定人员的评价结果不是十分精确，因此采用模糊数学的方法对其感官进行客观、科学地评价。参考段续等的方法，选取 10 名无不良生活习惯且身体状况良好的评定员。评定语为"非常喜欢""喜欢""中等喜欢""不喜欢""非常不喜欢"。以微胶囊"色泽""气味""滋味""组织状态""可接受程度"为指标，按表 5.1 中的评价标准对不同条件下制备出的微胶囊进行感官评价。根据刘春泉等的强制决定法，并参考专家调查意见，确定评价指标的权重集为 $U=\{$色泽、气味、滋味、组织状态、可接受程度$\}=\{0.15、0.18、0.31、0.15、0.21\}$。

表 5.1　洋葱精油微胶囊评价标准

评价指标	评价语				
	非常喜欢	喜欢	中等喜欢	不喜欢	非常不喜欢
色泽	浅紫红色、发亮	亮白	白色	暗淡	褐色
气味	香甜	甜味	甜味、有轻微刺激性气味	刺激性气味	浓烈的刺激性气味或无味
滋味	微甜、有轻微的洋葱鲜味	轻微的洋葱鲜味	较重的洋葱鲜味	洋葱熟化味道	浓烈的洋葱熟化味道或无味
组织状态	粉末均匀、无结块	粉末均匀、有少量粘壁	粉末均匀、有结块	粉末不均匀、粘壁	粉末结成颗粒状、大量粘壁
可接受程度	易于接受	良好	中等	勉强接受	不可接受

5.2.1.9　指标测定

（1）微胶囊水分含量的测定

采用烘干法，设置烘箱温度 105℃，将微胶囊烘干至恒重。

（2）微胶囊溶解度的测定

精确称取 5.00g 样品，用 38mL 温度为 25～30℃的水将样其溶解于 50mL

烧杯中，离心 10min，倒掉上清液并擦净管壁。将离心得到的沉淀做与样品同样的处理。再用少许水将沉淀洗入称量皿中，置于沸水中蒸干水分，然后在 105℃条件下烘至恒重。溶解度计算公式如下：

$$W = \frac{(M_2 - M_1) \times 100}{(1 - B\%) \times M} \tag{5.5}$$

式中，W 为溶解度，%；M 为样品质量，g；M_1 为称量皿质量，g；M_2 为称量皿重 + 不溶物重，g；$B\%$ 为样品含水量。

（3）微胶囊堆积密度的测定

将微胶囊倒入 5mL 量筒中摇匀振实，直至微胶囊填充至量筒刻度线处，记录填充的微胶囊质量（m），以及量筒的填充体积（V），微胶囊的堆积密度（d_0）表示为：

$$d_0 = \frac{m}{V} \tag{5.6}$$

（4）差示量热扫描热分析

精密称取 10mg 样品放入坩埚中，空坩埚为参比。扫描温度范围 25～250℃，升温 10℃/min，氮气流速 100mL/min。用图谱分析玻璃化转变温度（T_g）。

（5）统计分析

采用 Origin pro 8.5 对实验数据进行分析；采用 DPS 7.05 对实验数据进行方差分析（显著水平 $P < 0.05$）；每组实验平行进行 3 次，用平均值进行统计分析。

5.2.2 结果与讨论

5.2.2.1 制备条件对微胶囊品质的影响

阿拉伯胶在水中溶胀形成胶液，具有良好的乳化性，并且黏度较低，成膜性好，能形成良好的防渗油密封膜。β-环糊精具有良好的水溶性，且在胃中不易分解，能够有效减缓洋葱精油的释放，降低洋葱精油对肠胃的刺激。麦芽糊精有高溶解度低黏度的特点，但是乳化性及成膜性差。将 3 种壁材配制成符合壁材，能够相互弥补在成膜过程中的缺陷，形成包埋效果优良的微胶囊。实验考察了阿拉伯胶＋麦芽糊精（4∶3）、阿拉伯胶＋β-环糊精（4∶3）、阿拉伯胶＋麦芽糊精＋β-环糊精（3∶2∶2）3 种复合壁材对洋葱精油微胶囊品质的影响，其结果见图5.1(a)。由图 5.1(a) 可以看出，由阿拉伯胶和 β-环糊精做复合微胶囊壁材包埋效果好，包埋度和包埋率都比较高。3 种材料复合做微胶囊壁材包埋效果较差。这可能是由于阿拉伯胶具有较好的成膜性，与麦芽糊精或者 β-环糊精组合形成复合壁材时，能够弥补后两者成膜性差的缺陷，同时复合壁材的黏度也相应降低，形成了包埋效果较好的微胶囊。而当三者混合作为复合壁材时，由于麦芽糊精与β-环糊精成膜性不佳，考虑到工业化生产成本问题，阿拉伯胶添加量不宜过多，导致微胶囊制备过程中3种壁材混合形成的复合壁材整体成膜性较差，包埋效果降低。因此，微胶囊壁材为阿拉伯胶＋β-环糊精（4∶3）较好。

图5.1(b)是芯壁比对微胶囊包埋率、包埋度的影响，从图中可以看出，微胶囊包埋率随着壁材的添加逐渐增加，芯壁比达到1∶5时包埋率最佳，之后壁材添加量继续增多，包埋率逐渐降低。这是由于壁材添加量较少时，洋葱精油形成分子量大且数量较多的液滴，而壁材较少，所形成的网络结构难以有效包裹液滴，导致有效成分在微胶囊形成过程中挥发较大，包埋率低。当壁材添加量过多时，包裹的芯材较少，从图5.1(b)可以看出，当芯壁比达到1∶4时包埋度较高，即芯材和壁材都能得到有效利用，随着壁材继续增加，导致微胶囊有效成分所占比例降低，壁材虽能够完全包埋芯材，但是有效成分洋葱精油含量较低，因此包埋度降低，造成不必要的浪费。综合考虑，以芯壁比1∶4为最好。

从图5.1(c)可以看出，固形物含量低于20％时，微胶囊包埋率及包埋度随着固形物含量的提高迅速增加，且均在固形物含量为20％时达到峰值。当固形物含量超过20％继续增加时，由于固形物含量太高，在喷雾干燥过程中物料黏度增大，造成粘壁现象严重，不利于微胶囊的迅速形成，导致包埋率降低，另外由于壁材不能及时形成网络结构包裹芯材，使有效成分在干燥过程中挥发严重，造成包埋度降低。因此固形物含量不是越高越好，以20％为最佳。

在单因素实验结果的基础上，确定正交因素的水平范围为芯壁比（1∶3）～（1∶5）、固形物含量15％～25％。以包埋率为指标，确定最优工艺条件。正交试验结果及方差分析见表5.2、表5.3。

表5.2　正交试验结果

序号	A 壁材种类	B 芯壁比	C 固形物含量/%	D 空白	包埋率/%
1	1	1∶3	15	1	73.54
2	1	1∶4	20	2	92.35
3	1	1∶5	25	3	82.31
4	2	1∶3	20	3	72.56
5	2	1∶4	25	1	82.21
6	2	1∶5	15	2	73.28
7	3	1∶3	25	2	72.34
8	3	1∶4	15	3	82.51
9	3	1∶5	20	1	79.32
k_1	82.733	72.800	76.443	78.357	
k_2	76.003	85.690	81.397	79.323	
k_3	78.057	78.303	78.953	79.113	
R	6.730	12.890	4.953	0.871	
因素主次		$B>A>C$			
较优组合		$A_1B_2C_2$			

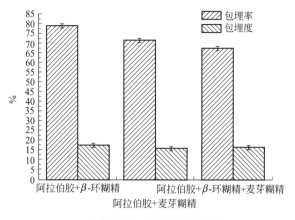

(a) 壁材种类对微胶囊品质的影响

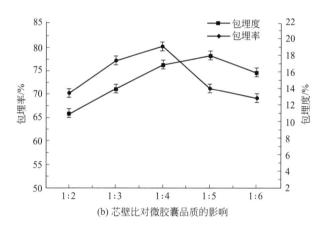

(b) 芯壁比对微胶囊品质的影响

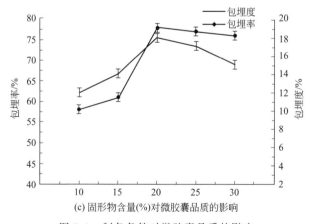

(c) 固形物含量(%)对微胶囊品质的影响

图 5.1　制备条件对微胶囊品质的影响

表 5.3 试验结果方差分析

因素	平方和	自由度	均方	F 值	显著性
壁材	71.3803	2	35.6901	46.0220	*[1]
芯壁比	251.0016	2	125.5008	161.8321	* *[2]
固形物含量	36.8055	2	18.4027	23.7301	*[1]
误差	1.5511	2	0.7755		
总和	360.7385	8			

①显著，$P<0.05$；②极显著，$P<0.01$。

根据极差分析可得因素影响顺序为：$B>A>C$（芯壁比＞壁材种类＞固形物含量）。由方差分析可知，因素 B 影响极显著，A、C 影响显著。因此，可以得出芯壁比对微胶囊包埋率影响相对较大，最优工艺水平为 $A_1B_2C_2$。正交试验设计中第二组为 $A_1B_2C_2$，其包埋结果为 92.35%，为最佳工艺水平。

经过工艺优化得到的微胶囊包埋率最高能达到 92.35%，马超等采用复合壁材在一定条件下得到的微胶囊包埋率仅为 76.69%，肖静采用 β-环糊精为单一壁材得到的洋葱精油微胶囊包埋率为 76%，经分析可知，复合壁材的包埋效果要优于单一壁材，且经实验得到了最佳制备洋葱精油微胶囊的工艺条件及更适合包埋洋葱精油微胶囊的壁材。

5.2.2.2 电镜扫描微胶囊表征分析

图 5.2(a) 是壁材为阿拉伯胶＋β-环糊精（4∶3）在最佳制备条件下的微胶囊，从图中可以看出，微胶囊饱满充实，并且表面光滑连续性好，壁材能够起到良好的支撑作用，微胶囊表面无塌陷或褶皱现象，颗粒大小均匀。图 5.2(b) 是壁材为阿拉伯胶＋麦芽糊精（4∶3）在同样制备条件下的微胶囊，从图中可以看出，微胶囊饱满充实，并且表面光滑连续性好，壁材能够起到良好的支撑作用，在干燥过程中微胶囊塌陷现象较轻，颗粒大小基本呈现均匀状态。从图 5.2(c) 可以看出，壁材为阿拉伯胶＋麦芽糊精＋β-环糊精（3∶2∶2）时，在同样制备条件下微胶囊很充实，并且表面表现出良好的连续性，壁材能够起到良好的支撑作用，但是由于干燥过程中微胶囊水分挥发较多，造成胶囊壁塌陷，微胶囊呈现出干瘪状态，且出现了严重的褶皱现象。经过与一般的洋葱精油微胶囊电镜扫描结果相比较，证明实验得到的包埋结果较好，微胶囊颗粒清晰完整，能够实现对洋葱精油的包埋。

5.2.2.3 基于模糊数学推理法的感官评定

各评定员针对不同制备条件得到的微胶囊产品按照表 5.1 中的评价标准进行

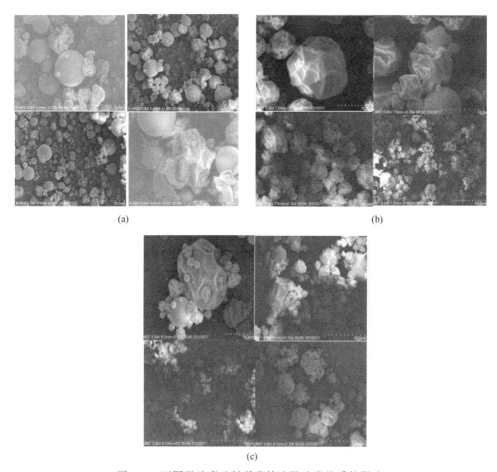

(a) (b)

(c)

图 5.2　不同微胶囊壁材洋葱精油微胶囊品质的影响

感官评价，制备条件分别为：①复合壁材 1，芯壁比 1∶4，固形物含量 20％；②复合壁材 2，芯壁比 1∶4，固形物含量 20％；③复合壁材 3，芯壁比 1∶4，固形物含量 20％；④复合壁材 1，芯壁比 1∶5，固形物含量 20％；⑤复合壁材 1，芯壁比 1∶3，固形物含量 20％。评价结果如表 5.4 所示。

采用复合壁材 1，芯壁比 1∶4，固形物含量 20％，选择 $M(\wedge,\vee)$ 模糊算子进行计算，最终感官评定输出结果为 $Y_1=\{0.31,0.2,0.1,0.1,0\}$，经归一化处理得 $Y_1'=\{0.436,0.282,0.141,0.141,0\}$。同理可得固定芯壁比 1∶4，固形物含量 20％，分别采用复合壁材 2 和复合壁材 3 条件下感官评定结果为 $Y_2'=\{0.271,0.279,0.135,0.180,0.135\}$、$Y_3'=\{0,0.192,0.319,0.330,0.159\}$。采用同样方法得到固定复合壁材 1，固形物含量 20％时，改变芯壁比分别为 1∶5、1∶3，感官评价结果为 $Y_4'=\{0.100,0.180,0.310,0.20,0.210\}$、$Y_5'=\{0.122,0.122,0.256,0.378,0.122\}$。根据计算结果可以看出，微胶囊制备条件为固定芯

表 5.4　不同制备条件下微胶囊产品感官评价统计

制备条件	评价指标	评价统计					总人数
		非常喜欢	喜欢	中等喜欢	不喜欢	非常不喜欢	
1	色泽	7	2	1	0	0	10
	气味	6	3	0	1	0	10
	滋味	9	0	1	0	0	10
	组织状态	9	1	0	0	0	10
	可接受程度	8	2	0	0	0	10
2	色泽	3	5	2	0	1	10
	气味	1	6	1	2	0	10
	滋味	3	6	1	0	0	10
	组织状态	1	5	1	1	2	10
	可接受程度	1	7	0	2	0	10
3	色泽	0	1	2	4	3	10
	气味	0	4	2	4	0	10
	滋味	0	0	3	6	1	10
	组织状态	0	0	2	7	1	10
	可接受程度	0	0	4	6	0	10
4	色泽	1	1	5	2	1	10
	气味	1	2	6	1	0	10
	滋味	1	0	7	2	0	10
	组织状态	1	1	6	0	2	10
	可接受程度	0	1	5	1	3	10
5	色泽	1	1	3	5	0	10
	气味	1	1	3	4	1	10
	滋味	1	1	2	5	1	10
	组织状态	1	1	3	5	0	10
	可接受程度	0	1	3	5	1	10

壁比 1:4，固形物含量 20%，分别采用复合壁材 1、复合壁材 2、复合壁材 3 对应模糊矩阵中的峰值分别为 0.436、0.279、0.330；固定复合壁材 1，固形物含量 20%，改变芯壁比分别为 1:5、1:3 时，对应模糊矩阵中的峰值分别为 0.310、0.378。分别对应于归一化模糊集中的第 1、第 2、第 3、第 3、第 4 个数值，对应于表 1 中的评价语分别为："非常喜欢""喜欢""中等喜欢""中等喜欢"和"不喜欢"。由此可以得出，采用复合壁材 1（阿拉伯胶 + β-环糊精 4:3）制得的微胶囊更受消费者喜欢。此外，在微胶囊制备过程中，芯壁比过高或过低都会对微胶囊产品产生不良影响，芯壁比为 1:4 时所制备出的微胶囊更受消费者欢迎。

5.2.2.4　质量指标测定结果

对不同制备条件下得到的微胶囊产品进行质量指标测定，制备条件同

5.2.2.3，条件 1 即为最佳工艺条件。结果见表 5.5。

表 5.5 质量指标测定结果

制备条件	指标				
	包埋度/%	水分含量/%	溶解度/%	堆积积密度/(g/cm³)	玻璃化转变温度 T_g/℃
1	21.32	3.69	97.56	0.786	46.35
2	20.89	3.85	95.25	0.821	41.36
3	19.37	3.92	99.53	0.817	39.43
4	20.76	3.78	92.63	0.794	39.26
5	19.25	3.87	94.21	0.813	31.46

由表 5.5 可得，以阿拉伯胶＋β-环糊精（4：3）做壁材，芯壁比 1：4、固形物含量 20% 时所制备的微胶囊包埋度达到 21.32%，要高于其他两种壁材，且芯壁比过高或过低都不利于包埋。微胶囊含水率在 3.69%～3.92%，符合粉末制品含水率一般控制在 2%～5% 的要求。在最佳条件下制备的微胶囊溶解度达到 97.56%，阿拉伯胶＋β-环糊精＋麦芽糊精（3：2：2）做壁材时的溶解度比阿拉伯胶＋β-环糊精（4：3）和阿拉伯胶＋麦芽糊精（4：3）做壁材时分别提高 1.98%、4.30%，可以看出，麦芽糊精和 β-环糊精可以提高微胶囊的溶解度。阿拉伯胶＋β-环糊精（4：3）的堆积密度低于其他两种壁材，这可能是由于阿拉伯胶与 β-环糊精所形成的壁材结构更致密、连续，颗粒更饱满；由其他两种壁材制备的微胶囊微观结构可以看出，微胶囊表面皱缩，导致微胶囊颗粒之间的间隙减小，堆积更紧密，因此堆积密度更大。芯壁比例为 1：5 和 1：3 时均高于比例为 1：4 的微胶囊堆积密度，说明芯壁比过高或过低均不利于微胶囊形成。根据 DSC 结果分析可知，微胶囊的 T_g 在 31.46～46.35℃，说明洋葱精油微胶囊的玻璃化转变温度高于一般食品的贮藏温度 25℃，当温度低于 T_g 时，物质呈玻璃态，因此微胶囊在正常贮藏条件下处于玻璃态，此时微胶囊壁能够对芯材起到有效的保护，且在最佳工艺条件下制备的微胶囊 T_g 最高，为 46.35℃，因此常温下微胶囊具有良好的贮藏稳定性。

5.2.3 小结

采用喷雾干燥法以阿拉伯胶、麦芽糊精、β-环糊精为壁材，洋葱精油为芯材制备了洋葱精油微胶囊。通过对壁材种类、芯壁比、固形物含量的研究，最终得到：

① 制备洋葱精油微胶囊的最佳工艺条件为：阿拉伯胶＋β-环糊精（4：3）做壁材，芯壁比 1：4，固形物含量 20%；在最佳条件下制备出的微胶囊包埋率可到达到 92.35%。

② 通过电子扫描显微镜的观察，从微观结构上分析微胶囊的表面特征，在最佳制备条件下得到的微胶囊表面光滑连续、颗粒饱满、粒径均匀，更符合微胶囊的制备要求。

③ 根据模糊数学的感官评定可得，在最佳工艺条件下制备的微胶囊感官上更易于被消费者接受，芯壁比过高或过低都会造成微胶囊产品风味不良。

④ 通过质量指标的测定可得，采用最佳工艺条件制备的微胶囊的包埋度、含水率、溶解度、堆积密度、T_g 分别为 21.32%、3.69%、97.56%、0.786g/cm³、46.35℃，表明产品品质优良且贮藏稳定性良好。

存在问题：喷雾干燥节省干燥时间、降低能耗，但产品的品质依然有待提升，在外观和风味上首先能够体现出来；主要原因就是喷雾干燥温度过高，生产过程中具有一定的粘壁现象，对其品质具有降低作用。要解决这些问题，可以采用另外的方法，即喷雾冷冻干燥法，在低温条件下实现对微胶囊的包埋，不存在高温对产品品质的破坏，从而可提高产品品质，这就是下一步要研究的内容。

5.3 喷雾冷冻干燥技术制备鱼油微胶囊

ω-3 多不饱和脂肪酸（ω-3-pufa）因其对健康的有益作用而被认为人体健康所必需物质，特别是二十二碳六烯酸（DHA，C_{22}：6ω-3）和二十碳五烯酸（EPA，C_{20}：5ω-3）。它能够增强免疫力，保护视网膜、防止近视，预防炎症、过敏、癌症，能降低血浆中的胆固醇和血小板聚集，有助于提高早期儿童的发育和认知，对人的大脑发育及调节心脑血管功能、提高生命机能等都有一定的功效，并对中风及高血压等疾病的治疗有良好的医用价值。虽然鱼油制品因具有良好的保健功能而为大众所青睐，但是由于鱼油本身具有鱼腥味，同时鱼油中的DHA 和 EPA 含多个双键，极易氧化，ω-3 多不饱和脂肪酸可降解产生有害健康的二次氧化产物，如醛类、酮类、醇类、烃类化合物、挥发性有机酸和环氧化合物等，在水介质中溶解度差。

研究表明，功能性食品微胶囊化是实现所需的稳定性、耐贮性和运输性的一种有效方法。微胶囊技术已成功地应用于食品工业，用以保护对温度、光、氧气和湿度敏感的物质，它具有便于称量、包装和存放，便于与其他物料均匀混合，便于贮藏和运输，水溶性好及消化吸收率高等特点。因此，微胶囊化已被证明是具有生物活性的化合物稳定的一个好方法。

喷雾冷冻干燥（spray freeze drying，SFD）是一种非常规的冷冻干燥技术，生产独特的粉状产品的同时还包括常规冻干产品的优点。SFD 高价值产品的潜在应用是由于与其他干燥技术相比，在产品结构、质量和挥发物及生物活性化合物的保留上的优势。在国内外的研究中，目前喷雾冷冻干燥法大多应用于生物学和药物方面，而运用喷雾冷冻干燥法制备鱼油微胶囊尚未见报道，因而采用喷雾冷冻干燥法制备鱼油微胶囊具有深远的意义。

在喷雾干燥法的基础上，以包埋率、含水率、出粉率、休止角和溶解度等为指标对喷雾冷冻干燥过程中的真空压力和冷风风量等参数运用加权综合评分法确定真空喷雾冷冻干燥的较优参数，以期能够妥善解决鱼油易氧化、贮藏性差等问题，并在一定程度上提高产品品质，缩短干燥时间，降低能耗。

5.3.1　材料与试剂

5.3.1.1　材料

精制鱼油购自于西安泽邦生物科技有限公司；阿拉伯胶、海藻酸钠、吐温80、无水乙醇、乙醚、甲醇、正己烷、氯化钠、无水硫酸钠、三氟化硼，其中阿拉伯胶、海藻酸钠及吐温80为食品级，其他为分析纯。

5.3.1.2　仪器与设备

YC-3000 实验型真空喷雾冷冻干燥机	上海雅程仪器设备有限公司；
JA-B/N 系列电子天平	上海佑科仪表有限公司；
101 型电热鼓风干燥箱	北京科伟永兴仪器有限公司；
FA1004 分析天平	上海上平仪器公司；
TG16-WS 高速离心机	湖南湘仪实验室仪器开发有限公司；
电度表	上海华立仪表有限公司；
ZNCL-BS 恒温磁力搅拌器	上海越众仪器设备有限公司；
AD500S-H 均质机	上海昂尼仪器仪表有限公司；
BT-9300S 型激光粒度分布仪	丹东百特仪器有限公司；
7890B/7000C 三重四极杆气质联用仪	美国安捷伦科技有限公司。

5.3.2　试验方法

5.3.2.1　乳化液制备

阿拉伯胶与海藻酸钠以 3∶1 的比例混合，加入吐温 80 作为乳化剂于适量蒸馏水中，均质机中 3000r/min、55℃条件下均质 3min，按照芯壁比 1∶4 向乳化液中加入鱼油，加入一定量的蒸馏水使固形物浓度达到 15%，于均质机中 8000r/min 条件下均质 5min，制得鱼油微胶囊乳化液。

5.3.2.2　喷雾冷冻干燥

将乳化液用实验型真空喷雾冷冻干燥机（图 5.3）制备鱼油微胶囊。根据预实验结果，分别在真空压力为 45Pa 条件下选取不同冷风风量（$4.5m^3/min$、$5.0m^3/min$、$5.5m^3/min$、$6.0m^3/min$、$6.5m^3/min$）进行试验；在冷风风量为 $5.5m^3/min$ 条件下选取不同真空压力（30Pa、35Pa、40Pa、45Pa、50Pa）进行试验。

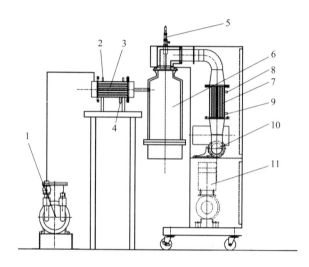

图 5.3　真空喷雾冷冻干燥机原理示意图

1—真空泵；2—冷却液进口；3—冷凝器；4—冷却液出口；5—二流体喷雾器；6—喷雾冷冻干燥室；
7—热转换器；8—冷却液出口；9—冷却液进口；10—风机；11—空压机

5.3.2.3　包埋率（encapsulation efficiency）的测定

通过分别测定微胶囊的总油含量及表面油含量计算包埋率。

$$包埋率(EE)=(总油含量-表面油含量)/总油含量×100\% \tag{5.7}$$

（1）总油（total oil）的提取

用分析天平（精确至 0.001g）称取 2g 鱼油微胶囊样品加入 10mL 热蒸馏水，于均质机中均质 5 次以破乳，用乙醇清洗均质机，向破乳液中加入 20mL 乙醇与 20mL 石油醚，用保鲜膜将烧杯封口，于磁力搅拌器上萃取 10min，所得萃取液于 3000r/min 条件下离心 5min，取出、弃液层、烘干固体残渣、称重。每个试验重复 3 次，取平均值。

$$总油含量=(M_3-M_2)/M_1 \tag{5.8}$$

式中，M_1 为样品质量，g；M_2 为烧杯重量，g；M_3 为干燥后烧杯及固体残渣质量，g。

（2）表面油（surface oil）的提取

用分析天平（精确至 0.001g）称取 2g 鱼油微胶囊样品（M_1，g）于锥形瓶

（M_4，g）中，加入 30mL 石油醚于 25℃下振荡 2min 后静置 8min，用经石油醚浸泡且恒重的滤纸（M_5，g）过滤，残渣用 15mL 石油醚清洗 3 次，将锥形瓶与滤纸移至烘箱于 75℃条件下烘干 6h，至恒重（M_6，g），称量。每个试验重复 3 次，取平均值。

$$表面油含量 = (M_1 + M_4 + M_5 - M_6)/M_1 \qquad (5.9)$$

式中，M_1 为样品质量，g；M_4 为锥形瓶质量，g；M_5 为滤纸质量，g；M_6 为干燥后总重，g。

5.3.2.4 含水率（moisture content）的测定

鱼油微胶囊含水率的测定参照《食品安全国家标准 食品中水分的测定》（GB 5009.3—2016）中直接干燥法，于 101～105℃下烘箱烘干、称重。每个试验重复 3 次，取平均值。

5.3.2.5 出粉率（productivity）的测定

$$出粉率 = (M_1 - M_2)/M_0 \times 100\% \qquad (5.10)$$

式中，M_1 为干燥后样品质量，g；M_2 为水分含量，g；M_0 为固形物含量，g。

5.3.2.6 休止角（angle of repose）的测定

将漏斗以与桌面垂直的位置固定在铁架台上，桌面放置一张洁净无褶皱的白纸，测量漏斗口至桌面白纸的距离（h），缓慢地将鱼油微胶囊样品沿漏斗内壁匀速倒下，测量白纸上样品形成的圆锥体半径（r），按照公式(5.11)计算，求出圆锥体与水平面形成的夹角，即为休止角。

$$\alpha = \arctan(h/r) \qquad (5.11)$$

5.3.2.7 溶解度（solubility）的测定

用分析天平（精确至 0.001g）称取 5g 鱼油微胶囊样品（M_0，g）于烧杯中，加入 50mL 蒸馏水，在 50℃水浴锅中搅拌 30min 使其溶解但不完全溶解，移入离心管，置于离心机中 3000r/min 离心 8min。取 5mL 上清液，置于恒重称量瓶（M_1，g）中，移入电热鼓风干燥箱，干燥至恒重，称重（M_2，g）。每个试验重复 3 次，取平均值。

$$溶解度 = [10 \times (M_2 - M_1)] \times 100\% \qquad (5.12)$$

5.3.2.8 干燥能耗的测定

干燥过程中消耗总能量由电表计数，通过计算单位质量产品所耗能量得到。

5.3.2.9　加权综合评分方法

本试验参照巨浩羽等的方法，选取包埋率、含水率、出粉率、休止角、溶解度、干燥时间及干燥能耗为评价指标，对不同干燥条件下喷雾冷冻干燥制备鱼油微胶囊进行加权综合评分。为使试验数据具有统一性，对指标数据进行归一化，分别通过公式(5.13)对正向指标值（包埋率、出粉率、溶解度）及公式(5.14)对负向指标值（含水率、休止角、干燥时间及干燥能耗）进行归一化处理。

$$m_i = (n_i - n_{min})/(n_{max} - n_{min}) \qquad (5.13)$$
$$m_i = (n_{max} - n_i)/(n_{max} - n_{min}) \qquad (5.14)$$

式中，m_i 为归一化值；n_i 为指标真实值；n_{max} 和 n_{min} 为指标最大值、最小值。

通过公式(5.15)对各指标进行综合评分：

$$K = m_1 l_1 + m_2 l_2 + m_3 l_3 + m_4 l_4 + m_5 l_5 + m_6 l_6 + m_7 l_7 \qquad (5.15)$$

式中，m_1、m_2、m_3、m_4、m_5、m_6、m_7 分别为包埋率、含水率、出粉率、休止角、溶解度、干燥时间及干燥能耗的归一化值；l_1、l_2、l_3、l_4、l_5、l_6、l_7 分别为各指标对应的权重，通过层次分析法，得出包埋率、含水率、出粉率、休止角、溶解度、干燥时间及干燥能耗所对应的权重为 0.21、0.13、0.19、0.12、0.13、0.11、0.11。

5.3.2.10　粒径分布的测定

开机预热 20min→仪器空白校准→取 0.5g 样品于 100mL 烧杯→加入 60mL 乙醇分散→超声振荡 10min 使其均匀分散→取 5mL 上清液置于粒度分布仪中进行测试。

5.3.2.11　脂肪酸含量测定

（1）样品处理

分别取 0.2g 液体鱼油和喷雾冷冻干燥鱼油微胶囊样品于圆底烧瓶中，加入 5mL 氢氧化钠-甲醇（0.5mol/L）溶液，均匀振荡，于 65℃恒温水浴锅中加热（20～30min）至完全溶解；取出冷却至室温，加入 5mL 三氟化硼-甲醇溶液（15%），于 65℃恒温水浴锅中进行甲脂化处理（30min）；取出后冷却至室温，加入少量饱和氯化钠溶液，振荡摇匀，缓慢加入 2mL 正己烷，超声振荡 10min，静置至分层后，取上层（正己烷层）清液，加入适量无水硫酸钠，静置，以除去残留水分，进行 GC-MS 分析。

（2）GC-MS 测试条件

气相色谱条件：载气为恒定流量为 1.0mL/min 的氮气，DB-5 毛细管柱，

$30m×0.32m×0.25\mu m$。升温程序：从60℃开始（保持2min），以30℃/min升温到240℃，保持3min，2℃/min升至280℃；检测电压350 V。质谱条件：Extractor离子源、发射电流$200\mu A$、电子能量70eV，进样口温度280℃。

5.3.2.12　数据处理方法

采用DPS（ver.8.05）数据处理软件对试验数据进行处理和相关性分析，采用Origin8.5数据处理软件进行积分和作图。

5.3.3　结果与分析

5.3.3.1　真空压力对喷雾冷冻干燥鱼油微胶囊的影响

表5.6显示了不同真空压力条件下，喷雾冷冻干燥鱼油微胶囊产品的包埋率、含水率、出粉率、休止角、溶解度的结果。当真空压力为30Pa、35Pa、40Pa、45Pa、50Pa时，相应的鱼油微胶囊制品的包埋率分别为：89.94%、90.03%、89.87%、89.74%、88.95%，其在35Pa时达到最高值，随后逐渐下降，最大差值达到1.08%。分析原因可能是因为随着真空压力的增大，真空度逐渐变小，减小了壁材包裹鱼油的外界压力，使得包埋效果变差。含水率是反映干制品品质的一个重要指标，由表5.6可知，随着真空压力的升高，喷雾冷冻干燥所得鱼油微胶囊的含水率呈现上升趋势，这可能是因为随着真空压力的增加，鱼油微胶囊中的水分在升华过程中扩散效率逐渐变低。不同真空压力条件下的出粉率差别不大，最大差值仅为0.79%。

表5.6　不同真空压力条件下喷雾冷冻干燥鱼油微胶囊的品质特征

真空压力/Pa	包埋率/%	含水率/%	出粉率/%	休止角/(°)	溶解度/%
30	89.84±0.02a	3.17±0.06b	91.93±0.08a	31.36±0.01a	43.77±0.13b
35	90.03±0.06b	3.21±0.03a	92.36±0.09a	30.72±0.02a	45.22±0.09a
40	89.87±0.03a	3.40±0.09a	92.72±0.10c	30.74±0.04b	52.15±0.09a
45	89.74±0.02b	3.45±0.02b	92.51±0.07b	31.27±0.02b	56.04±0.11b
50	88.95±0.04c	3.44±0.02a	92.47±0.08b	31.71±0.04a	57.07±0.10a

注：不同字母表示差异显著（$P \leqslant 0.05$）。

休止角是一种检验和测评鱼油微胶囊等粉状制品流动性优劣的一种简便、可操作性强的方法，休止角的大小可以表示粉状制品颗粒之间摩擦力的大小，测得的休止角越小，则其颗粒之间的摩擦力就越小，说明粉状制品的流动性就越好，通过测定粉状制品的休止角得出流动性的优劣，并对其进行加工完善，在粉状制品的加工生产、运输及中药制剂各成分之间的成型和装量的应用等方面十分重要。从表 5.6 中可以看出，在真空压力改变的情况下所得鱼油微胶囊的休止角均小于 45°，说明喷雾冷冻干燥制得的鱼油微胶囊流动性较好，其中，真空压力为 35Pa 和 40Pa 时，休止角相对较小，其流动性较优。由表 5.6 可以看出，所得鱼油微胶囊产品的溶解度随着真空压力的增大而增大，且趋势较为明显，由 43.77% 升高至 57.07%，这可能是因为真空压力越小，真空度越大，制得的鱼油微胶囊颗粒结构更加紧实致密，且含水率也较低，使其溶解度较低。

为进一步明确真空压力对喷雾冷冻干燥鱼油微胶囊的影响，本文对鱼油微胶囊品质指标随真空压力的变化趋势进行常用函数的一元非线性回归拟合，得到各个品质指标随着真空压力变化的数学模型，如公式(5.16)～公式(5.20)所示：

$$Y_1 = 89.9222\{1 - \exp\{-[(X + 1826.1777)/1900.8109]^{-115.7802}\}\}$$
$$(R^2 = 0.9727) \tag{5.16}$$

$$Y_2 = 1.6471 + 0.070457X - 0.000686X^2 \quad (R^2 = 0.9107) \tag{5.17}$$

$$Y_3 = 84.7268 + 0.369743X - 0.004314X^2 \quad (R^2 = 0.9189) \tag{5.18}$$

$$Y_4 = 41.9843 - 0.585286X + 0.007629X^2 \quad (R^2 = 0.9184) \tag{5.19}$$

$$Y_5 = 3.7311 + 1.6353X - 0.011086X^2 \quad (R^2 = 0.9461) \tag{5.20}$$

式中，X 指真空压力，Pa；Y_1、Y_2、Y_3、Y_4、Y_5 指包埋率、含水率、出粉率、休止角和溶解度。

由公式(5.16)～公式(5.20) 可以看出，5 个品质指标均各自具有一元非线性关系，其中包埋率遵循韦布尔函数变化规律，其他 4 个品质指标均遵循二次函数变化规律。由表 5.7 可以看出，随着真空压力的增大，总干燥耗时随之增大，其总能耗亦随之增大。

表 5.7　不同真空压力条件下喷雾冷冻干燥鱼油微胶囊干燥能耗

真空压力/Pa	总干燥耗时/h	总能耗/(kJ/kg)
30	11±0.40b	61827.83±520a
35	11±0.25c	63802.01±760b
40	12±0.25a	68828.87±640a
45	13.5±0.10b	71806.59±570a
50	14±0.20a	77842.31±950c

注：不同字母表示差异显著（$P \leqslant 0.05$）。

5.3.3.2　冷风风量对喷雾冷冻干燥鱼油微胶囊的影响

表 5.8 显示了不同冷风风量条件下喷雾冷冻干燥鱼油微胶囊的包埋率、含水率、出粉率、休止角及溶解度的结果。由表 5.8 可以看出，鱼油微胶囊的包埋率随着冷风风量的增加先上升后下降，在 5.5m³/min 时达到最大，为 89.87%，较

最低值高出 1.22%；这是因为冷风风量较小或者较大时，冷风与物料的接触不够充分，使雾滴分散的不均匀，导致包埋率较低。含水率随着冷风风量的增大而减小，减小至 3.24%，这种现象的原因可能是在升华过程相同的情况下，风量越大，鱼油微胶囊在雾化形成的瞬间会消耗掉一部分水。不同冷风风量条件下鱼油微胶囊出粉率在 6.5m³/min 时最大，4.5m³/min 时最小，这是因为风量较小时物料不能进行较好地旋转分离，会有部分物料出现粘壁现象，导致其出粉率较低。由表 5.8 可知，不同冷风风量条件下鱼油微胶囊的休止角均小于 45°，因而在此条件下制得的鱼油微胶囊颗粒间摩擦力较小，流动性较好，除冷风风量为 4.5m³/min 时休止角稍大外，其他条件下的休止角差别不大。溶解度随着冷风风量的增加逐渐减小，这是因为风量较大时，物料较风量小时会更为分散，不利于溶解，导致溶解度降低。

表 5.8 不同冷风风量条件下喷雾冷冻干燥鱼油微胶囊的品质特征

冷风风量 /(m³/min)	包埋率/%	含水率/%	出粉率/%	休止角/(°)	溶解度/%
4.5	89.04±0.04b	3.47±0.02b	90.83±0.01a	33.76±0.03a	56.14±0.08a
5.0	89.43±0.02c	3.41±0.03a	92.52±0.02a	32.14±0.02a	55.27±0.09b
5.5	89.87±0.03b	3.36±0.02a	92.22±0.05a	32.14±0.02b	53.15±0.12a
6.0	89.64±0.02b	3.26±0.04c	92.01±0.03c	32.37±0.01c	52.22±0.07c
6.5	88.65±0.01a	3.24±0.02a	92.67±0.02a	32.71±0.03a	50.67±0.08b

注：不同字母表示差异显著（$P \leqslant 0.05$）。

为进一步明确冷风风量对喷雾冷冻干燥鱼油微胶囊的影响，本文对鱼油微胶囊品质指标随冷风风量的变化趋势进行常用函数的一元非线性回归拟合，得到各个品质指标随着冷风风量变化的数学模型，如公式(5.21)～公式(5.25)所示：

$$Y_1 = 74.5920 + 0.772600X - 0.009800X^2 \quad (R^2 = 0.9245) \quad (5.21)$$

$$Y_2 = 3.4699\{1 - \exp\{-[(X - 30.0000)/458.8209]^{-0.313387}\}\}$$
$$(R^2 = 0.9763) \quad (5.22)$$

$$Y_3 = 92.3550/[1 + \exp(158.8420 - 36.2064X)] \quad (R^2 = 0.8759) \quad (5.23)$$

$$Y_4 = 84.9560 - 19.3026X + 1.7571X^2 \quad (R^2 = 0.9645) \quad (5.24)$$

$$Y_5 = 65.8868\exp(-0.005228X) \quad (R^2 = 0.9844) \quad (5.25)$$

式中，X 指冷风风量，m³/min；Y_1、Y_2、Y_3、Y_4、Y_5 指包埋率、含水率、出粉率、休止角和溶解度。

由公式(5.21)～公式(5.25) 可以看出，5 个品质指标均各自具有一元非线性关系，其中包埋率和休止角遵循二次函数变化规律，含水率遵循韦布尔函数变化规律，出粉率遵循逻辑斯蒂模型，而溶解度遵循指数函数变化规律。由表 5.9 可以看出，总干燥耗时随着冷风风量的增大而减少，其总能耗亦随之减少，但总体变化不大。

表 5.9 不同冷风风量条件下喷雾冷冻干燥鱼油微胶囊干燥能耗

冷风风量/(m³/min)	总干燥耗时/h	总能耗/(kJ/kg)
4.5	13±0.25a	67653.55±710a
5.0	13±0.20a	66935.55±450a
5.5	12±0.5a	66383.61±510c
6.0	11.5±0.30b	66334.51±420a
6.5	11±0.25b	65552.24±360b

注：不同字母表示差异显著（$P \leqslant 0.05$）。

5.3.3.3 加权综合评分

对不同干燥条件下喷雾冷冻干燥鱼油微胶囊各项指标进行加权综合评分，得到加权综合评分值如图 5.4 所示。图中 a、b、c、d、e、f、g、h、i 表示 9 组干燥条件，分别为 5.5m³/min、30Pa，5.5m³/min、35Pa，5.5m³/min、40Pa，5.5m³/min、45Pa，5.5m³/min、50Pa，4.5m³/min、45Pa，5.0m³/min、45Pa，6.0m³/min、45Pa，6.5m³/min、45Pa。

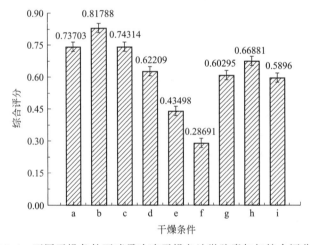

图 5.4 不同干燥条件下喷雾冷冻干燥鱼油微胶囊加权综合评分值

由图 5.4 的综合评分值可知，真空压力的改变对喷雾冷冻干燥鱼油微胶囊的影响较大，随着真空压力的增加，鱼油微胶囊品质大体呈下降趋势。随着冷风风量的增加，虽然缩短了干燥时间，但其产品品质略有下降。当冷风风量为 5.5m³/min、真空压力为 35Pa 时，鱼油微胶囊的综合评分值最高，为 0.81788，说明此条件下制得鱼油微胶囊的整体品质最好。

5.3.3.4 喷雾冷冻干燥鱼油微胶囊的粒径分布

比粒径分布是指不同粒径尘粒在全体粉尘中所占百分数，是衡量粉状制品均匀度的重要指标，粒径分布越集中，说明其粉状制品的颗粒大小越均匀，在粉状制品的品质、贮藏等方面有重要意义。如图5.5所示，喷雾冷冻干燥制得的鱼油微胶囊的粒径分布较为集中，整体分布在4.03～324.35μm，集中分布于117.13～200.06μm，面积平均粒径为58.44μm，体积平均粒径为127.19μm，中位径D50为113.65μm，D10为28.26μm，D90为250.88μm，这一结果优于路宏波等的研究结果。

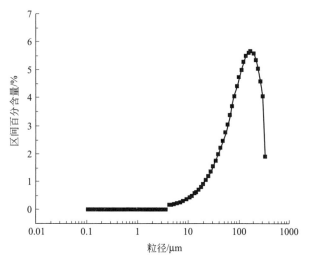

图5.5 喷雾冷冻干燥鱼油微胶囊的粒径分布

5.3.3.5 喷雾冷冻干燥鱼油微胶囊脂肪酸成分分析

未经处理的液体鱼油及喷雾冷冻干燥鱼油微胶囊经过甲酯化处理后进行GC-MS分析，得到如图5.6、图5.7所示的总离子流图。

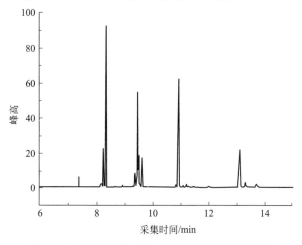

图5.6 未处理液体鱼油的气相色谱总离子流图

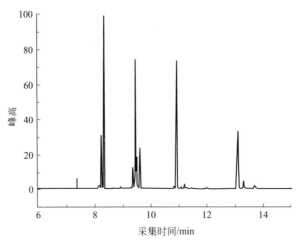

图 5.7　鱼油微胶囊（SFD）的气相色谱总离子流图

由图 5.6 和图 5.7 对比分析可知，未处理液体鱼油和喷雾冷冻干燥鱼油微胶囊经 GC-MS 分析所得的特征峰基本保持一致，这说明了鱼油经过喷雾冷冻干燥制备成鱼油微胶囊后仍保留了鱼油中的脂肪酸成分，只是相对含量上发生了变化，没有造成脂肪酸种类上的缺失。由气相色谱分析可知，共分离出了 42 个峰，利用质谱数据库（NIST05 库）进行检索，并结合人工解析分析，鉴定出了其中的 20 种脂肪酸成分，其各组分的相对含量通过峰面积的归一化法进行处理，结果如表 5.10 所示。

表 5.10　液体鱼油及鱼油微胶囊甲酯化 GC-MS 分析组成成分比较

序号	化合物名称	分子式（甲酯）	分子量（甲酯）	相对含量/%	
				液体鱼油	鱼油微胶囊（SFD）
1	肉豆蔻酸（tetradecanoic acid）	$C_{15}H_{30}O_2$	242	1.318	0.844
2	十五烷酸（pentadecanoic acid）	$C_{16}H_{32}O_2$	256	0.262	0.254
3	十六碳烯酸（hexadecenoate）	$C_{17}H_{32}O_2$	268	5.953	5.397
4	棕榈酸（hexadecanoic acid）	$C_{17}H_{34}O_2$	270	21.168	17.291
5	十一烷酸（undecanoic acid）	$C_{12}H_{24}O_2$	200	0.243	0.22
6	十七烷酸（heptadecanoic acid）	$C_{18}H_{36}O_2$	284	0.462	0.395
7	二十碳三烯酸（eicosatrienoic acid）	$C_{21}H_{36}O_2$	320	2.866	2.776

续表

序号	化合物名称	分子式（甲酯）	分子量（甲酯）	相对含量/%	
				液体鱼油	鱼油微胶囊（SFD）
8	十八碳烯酸（octadecenoic acid）	$C_{19}H_{36}O_2$	296	18.138	17.967
9	油酸（oleic acid）	$C_{19}H_{36}O_2$	296	5.552	6.056
10	十八烷酸（octadecanoic acid）	$C_{19}H_{38}O_2$	298	5.016	4.973
11	亚油酸（octadecadienoic acid）	$C_{19}H_{34}O_2$	294	0.235	0.353
12	二十碳四烯酸（eicosatetraenoic acid）	$C_{21}H_{34}O_2$	318	0.643	0.487
13	十八碳四烯酸（octabromodiphenyl acid）	$C_{19}H_{30}O_2$	290	22.628	22.467
14	(11-)十六碳烯酸（hexadecenoic acid）	$C_{17}H_{32}O_2$	268	1.165	5.397
15	花生酸（eicosanoic acid）	$C_{21}H_{42}O_2$	326	0.643	0.619
16	二十二碳六烯酸(DHA)（docosahexaenoic acid）	$C_{23}H_{34}O_2$	342	10.499	11.465
17	二十碳五烯酸(EPA)（eicosapentaenoic acid）	$C_{21}H_{32}O_2$	316	1.464	1.501
18	二十碳烯酸（eicosanoic acid）	$C_{21}H_{40}O_2$	324	0.234	0.217
19	十五碳烯酸（pentadecenoic acid）	$C_{16}H_{30}O_2$	254	0.873	0.744
20	十七碳烯酸（heptadecenoic acid）	$C_{18}H_{34}O_2$	282	0.638	0.577

由表 5.10 可以看出，分离出的 20 种脂肪酸组分中，有 7 种饱和脂肪酸，主要为棕榈酸、肉豆蔻酸、十八烷酸和花生酸等，7 种单不饱和脂肪酸，主要为十六碳烯酸、十八碳烯酸和油酸等，以及 6 种多不饱和脂肪酸，主要有二十二碳六烯酸（DHA）、二十碳五烯酸（EPA）、亚油酸和二十碳三烯酸等。这一结果与蔡云平等通过 GC-MS 分析得到的深海鱼油中的脂肪酸成分的结果有一定差别，而且本研究也未检测出二十二碳五烯酸（DPA）等，分析原因是因为所采用的鱼油原料不同，其中所含成分有所差异，但大体相同。

其中经喷雾冷冻干燥制得的鱼油微胶囊中，饱和脂肪酸的相对含量为

24.596%，较未经处理的液体鱼油（占 29.112%）少了 4.516%，单不饱和脂肪酸的相对含量为 36.355%，比鱼油被包埋前（占 32.553%）高了 3.802%，多不饱和脂肪酸的相对含量由鱼油被包埋前的 38.335% 增加到 39.049%，高出 0.714%，这说明鱼油被包埋后饱和脂肪酸的相对含量减少，同时不饱和酸的相对含量增加，其中单不饱和酸尤为明显。处理前后的饱和脂肪酸、单不饱和脂肪酸、多不饱和脂肪酸的总相对含量与张立坚等的研究不同鱼油的脂肪酸成分分析结果保持一致。

喷雾冷冻干燥鱼油微胶囊和未经处理的液体鱼油中脂肪酸成分除了十六碳烯酸在 SFD 样品中检出为（11-)十六碳烯酸外，其他成分没有变化，其中二十二碳六烯酸（DHA）、二十碳五烯酸（EPA）分别增加了 0.966% 和 0.037%，十六碳烯酸、亚油酸和油酸的相对含量亦有所增加，棕榈酸、肉豆蔻酸和花生酸等的相对含量有所下降。分析其原因可能是因为在鱼油微胶囊制备的前处理阶段，需乳化升温，而后喷雾冷冻干燥是一个真空条件下瞬时高压冷冻的过程，保留时间短，物料受温度变化的影响，部分温度不均匀，且受到瞬间高压的冲击，使得部分脂肪酸的化学键发生断裂并重组，从而导致脂肪酸成分间相对含量发生变化。

5.3.4 小结

以包埋率、含水率、出粉率、休止角、溶解度、总干燥时间和总干燥能耗为评价指标，对喷雾冷冻干燥过程中的真空压力和冷风风量运用加权综合评分法确定喷雾冷冻干燥的较优参数，得出真空压力为 35Pa 和冷风风量为 $5.5m^3/min$ 时制得的鱼油微胶囊产品质量最佳。通过对鱼油微胶囊粒径分布的研究，发现其粒径分布较为集中，集中分布于 $117.13\sim200.06\mu m$，粉体流动性较好，整体品质较优。对比鱼油经喷雾冷冻干燥包埋前后的脂肪酸成分及相对含量分析，得出包埋前后含有的脂肪酸成分没有发生较大变化，且其不饱和脂肪酸的含量有所增长，其中二十二碳六烯酸（DHA）、二十碳五烯酸（EPA）分别增加了 0.966% 和 0.037%，说明喷雾冷冻干燥制备鱼油微胶囊能够很好地防止脂肪酸的流失，且提高了有益物质的相对含量。因而喷雾冷冻干燥制备鱼油微胶囊能够产出高品质的鱼油微胶囊，在鱼油的加工、贮藏及运输等方面具有积极意义。

5.4 山药粉喷雾干燥技术及调控

怀山药是我国传统药食同源植物之一，营养丰富，但新鲜怀山药根茎细长，易折断、易变质，使保存和运输都很困难。因此，如何利用干燥技术对怀山药进行加工处理，以延长其贮藏期、降低运输成本是目前需要解决的重大问题。

怀山药制备成粉，便于食用和贮藏，目前，怀山药全粉的加工制备多以喷雾干燥和经传统干燥后磨粉的制备方式为主。喷雾干燥法因其干燥速率快、耗时短、产品质优等优点成为果蔬粉脱水干燥甚为广泛的干燥方式之一；但怀山药果肉淀粉含量高，且黏液质黏度很大，若不经淀粉酶解而直接用于喷雾干燥会使物料大量粘壁，大幅度降低怀山药全粉产率，α-淀粉酶是一种能使淀粉迅速液化而生成低分子的液化酶，且怀山药黏液的黏度在液化酶作用下可迅速降低，酶法水解因其水解速率快、制品安全等优点，目前已广泛用于食品和药品的加工中，喷雾干燥制得的怀山药全粉易溶解、便于冲调使用，且产品色泽风味佳，营养损失少。

喷雾干燥怀山药全粉的制备：以怀山药酶解提取工艺为基础，以全粉出粉率为试验指标，采用响应面法对试验参数进行优化，研究进料质量分数、热风温度、热风流量和进料流量对怀山药全粉出粉率的影响规律，考查各参数间交互作用对指标的影响。

5.4.1 试验材料

5.4.1.1 材料与试剂

怀山药（初始湿基含水率为 73.56%）购于河南洛阳南昌路丹尼斯超市，于 0～4℃条件下储存；柠檬酸、维生素 C（均为食品级）；葡萄糖、苯酚、浓硫酸（均为分析纯）；3,5-二硝基水杨酸（化学纯）；α-淀粉酶（3700U/g）；干燥网；称量瓶。

5.4.1.2 仪器与设备

仪器名称	型号	生产厂家
电热恒温水浴锅	DZKW-S	北京市永光明医疗仪器有限公司；
电子天平	JA-B/N	上海佑科仪表有限公司；
真空干燥箱	DZF-6050	上海精宏实验实验设备有限公司；
电热鼓风干燥箱	101 型	北京科伟永兴仪器有限公司；
热泵干燥机	GHRH-20	广东省农业机械研究所干燥设备制造厂；
实验型喷雾干燥机	YC-015	上海雅程仪器设备有限公司；
打浆机	MJ-BL25B2	美的电器有限公司；
色差计	X-rite Color i5	美国爱色丽公司；
手持折光仪	WYT-I（精确度 0.1% 及 0.5%）	成都豪创光电仪器有限公司；
旋转蒸发器	RE-52	上海亚荣生化仪器厂；
高速分散均质机	FJ200	上海标本模型厂；
离心沉淀机	80-2	江苏金坛市中大仪器厂；

切片机	SHQ-1	德州市天马粮油机械有限公司；
恒温恒湿箱	HSP-150B	常州赛普实验仪器厂；
紫外-可见分光光度计	UV754N	上海佑科仪器仪表有限公司。

5.4.2　试验方法

5.4.2.1　怀山药全粉制备的工艺流程和操作要点

（1）喷雾干燥

工艺流程：新鲜怀山药经清洗后沸水浴30min→冷水冷却至室温→沥干→护色30min、打浆（配制料水比1∶2）→过胶体磨→α-淀粉酶酶解、灭酶（100℃、15min）→加入怀山药酶解液总固形物含量50%的麦芽糊精→均质（10min）→浓缩（−0.1MPa、55℃旋转蒸发）→喷雾制粉→成品收集。

操作要点：①混合护色液的配制（2.0g/100g柠檬酸和0.1g/100g维生素C混合均匀）；②将清洗过的新鲜怀山药原料于沸水中水浴30min，此时怀山药淀粉基本糊化完全，香气浓郁，也方便后续酶解。

（2）相对湿度控制下的热风干燥

工艺流程：怀山药原料→清洗切片→于干燥网上进行恒温恒湿（温度60℃）控制→热风干燥处理→干制品→粉碎包装备用。

操作要点：将洁净怀山药切成厚度均匀的片状平铺于干燥网上，放入已设定温湿度的恒温恒湿箱中进行高湿处理，再进行热风干燥处理。干燥过程中，定时快速取出称重，记录试样随干燥时间质量的变化，直至干基含水率达到安全含水率0.12g/g时，干燥结束，每个试验点重复3次（换算成干基含水率），取其平均值。

5.4.2.2　怀山药酶解辅助喷雾干燥制粉试验设计

（1）怀山药酶解提取工艺优化试验

采用α-淀粉酶进行酶解，以怀山药可溶物得率（TSS%）为指标，在大量预试验的基础上，选取对指标影响显著的酶解温度 A（选取适宜温度60～70℃）、加酶量 B（选取适宜添加量为0.1%～0.2%）、pH C（选取适宜pH值6.6～7.4）和酶解时间 D（选取适宜时间45～70min）为试验因素，采用 $L_9(3^4)$ 正交试验方法进行工艺优化，各处理结束后，沸水浴灭酶5～10min，具体试验因素、水平及结果与方差分析见表5.11、表5.12。

（2）怀山药酶解液喷雾干燥单因素试验

在大量预试验的基础上，做怀山药酶解液的喷雾干燥试验，以确定较为合理的喷雾干燥参数范围，因怀山药本身黏度较大，虽经酶解降黏，但当质量浓度较

表 5.11　正交试验因素、水平及结果

试验号	A 温度/℃	B 加酶量/%	C pH 值	D 时间/min	TSS 得率		
1	1(60)	1(0.1)	1(6.6)	1(45)	69.9	70.05	71.46
2	1	2(0.15)	2(7.0)	2(60)	77.89	78.43	78.19
3	1	3(0.2)	3(7.4)	3(75)	76.16	77.98	78.53
4	2(65)	1	2	3	69.54	68.26	70.22
5	2	2	3	1	80.31	80.28	81.45
6	2	3	1	2	76.61	75.34	77.56
7	3(70)	1	3	2	70.95	71.26	70.53
8	3	2	1	3	79.35	79.88	78.44
9	3	3	2	1	82.34	83.26	82.68
K_1	678.59	632.17	678.59	701.73			
K_2	679.57	714.22	690.81	676.76			
K_3	698.69	710.46	687.45	678.36			
k_1	75.40	70.24	75.40	77.97			
k_2	75.51	79.36	76.76	75.20			
k_3	77.63	78.94	76.38	75.37			
R	2.23	9.12	1.36	2.77			
较优水平	A_3	B_2	C_2	D_1			
因素主次			$B > D > A > C$				

表 5.12　正交试验结果的方差分析表

方差来源	SS	f	MS	F	显著性水平
因素 A	28.5387	2	14.26935	21.73169	$\alpha = 0.01$
因素 B	476.8765	2	238.4382	363.1326	$\alpha = 0.01$
因素 C	8.856207	2	4.428104	6.743838	$\alpha = 0.01$
因素 D	43.41547	2	21.70774	33.06008	$\alpha = 0.01$
误差	11.81907	18	0.656615		
总和 T	569.505947				

大时，流动性降低，不利于喷雾干燥，因此试验过程中加入了喷干助剂——麦芽糊精。

① 进料质量分数对山药出粉率的影响　在热风温度 180℃、热风流量 27.60m³/h、进料流量 1030mL/h 的条件下，分别考察怀山药酶解液质量分数

11%、14%、17%、20%、23%对怀山药全粉出粉率的影响。

② 热风温度对山药出粉率的影响　在怀山药酶解液进料质量分数17%、热风流量27.60m³/h、进料流量1030mL/h的条件下，分别考察热风温度140℃、150℃、160℃、170℃、180℃、190℃对怀山药全粉出粉率的影响。

③ 热风流量对山药出粉率的影响　在怀山药酶解液进料质量分数17%、热风温度180℃、进料流量1030mL/h的条件下，分别考察热风流量24.00m³/h、25.80m³/h、27.60m³/h、29.40m³/h、31.20m³/h对怀山药全粉出粉率的影响。

④ 进料流量对山药出粉率的影响　在怀山药酶解液进料质量分数17%、热风温度180℃、热风流量27.60m³/h的条件下，分别考察进料流量980mL/h、1030mL/h、1080mL/h、1130mL/h、1180mL/h对怀山药全粉出粉率的影响。

（3）怀山药全粉喷雾干燥工艺响应面优化试验

根据怀山药酶解液喷雾干燥单因素试验结果，依据中心旋转组合（central composite design，CCD）设计原理，对热风温度（A）、热风流量（B）和进料流量（C）3个影响因素与怀山药全粉出粉率（Y）进行响应面分析，优化怀山药全粉喷雾干燥工艺条件，采用 Design-Expert 8.05 数据软件对试验数据进行回归分析，分析热风温度、进料流量和热风流量交互作用对怀山药全粉出粉率的影响，对参数进行预测和控制，中心组合设计因素及水平设计见表 5.13。

表 5.13　中心组合设计因素及水平表

水平	因素		
	A 热风温度/℃	B 热风流量/(m³/h)	C 进料流量/(mL/h)
−1.682	160	25.80	1030
−1	164.05	26.53	1050
0	170	27.60	1080
1	179.95	28.67	1110
1.682	180	29.40	1130
Δ_j	5.95	1.07	30

5.4.2.3　试验指标的测定

（1）总固形物质量分数的测定

精确称取适量的怀山药酶解液（m_1）于洁净称量瓶中（m_0），于105℃热风干燥箱中烘干，每次烘干2h后取出，在干燥器中冷却后称重，直至烘干至恒重，记质量为 m_2。

$$总固形物质量分数 = \frac{m_2 - m_0}{m_1 - m_0} \times 100\% \qquad (5.26)$$

（2）怀山药含水率的测定

物料含水率的测定参照 GB 5009.3—2016《食品中水分的测定》减压干燥法。

（3）怀山药出粉率的测定

$$出粉率 = \frac{M}{wv} \times 100\% \qquad (5.27)$$

式中，M 为喷雾后怀山药全粉制品的干基质量，g；w 为喷雾前怀山药酶解液的总固形物质量分数；v 为喷雾干燥的进料量，g。

（4）冲调性的测定

准确称取 5.0g 怀山药全粉于 250mL 洁净烧杯中，加入 100mL、80℃纯净水，配制成质量分数为 5% 的怀山药全粉悬浮液，用玻璃棒搅拌，同时记录从加水开始到完全分散所需时间（即为样品分散时间）；之后将液体搅拌均匀，静置的同时计时，待液体完全分层后停止计时（即为样品分散稳定时间）。冲调过程中观察杯底有无沉淀，体系是否均一稳定。每个试验点重复 3 次，测定结果取平均值。

（5）怀山药全粉基本成分含量及色差的测定

多糖含量：用水提醇沉法提取怀山药粗多糖，苯酚-硫酸比色法测定粗多糖含量。还原糖含量：采用 3,5-二硝基水杨酸比色法。L 值：利用 X-rite i5 色差计测定怀山药全粉的 ΔE 值（以真空冷冻怀山药全粉为标准样品），平行测 3 次，取平均值。

（6）干基含水率的测定

$$M = \frac{W_t - G}{G} \qquad (5.28)$$

式中，M 为干基含水率，g/g；W_t 为干燥任意时刻的总质量，g；G 为怀山药干物质量，g。

（7）怀山药干制品复水性能的测定

精确称取适量怀山药切片干制品，放入盛有 60℃、100mL 蒸馏水的烧杯中，于 60℃恒温水浴锅中保温处理。每隔 30min 将物料快速取出，沥干表面水分后进行称重，按下式计算复水率。

$$R_f = \frac{m_f}{m_g} \qquad (5.29)$$

式中，R_f 为复水率；m_f 为怀山药片干制品复水后沥干表面水分后的质量，g；m_g 为热风干燥怀山药切片复水前干制品质量，g。

（8）干燥能耗

干燥能耗由每干燥单位质量水分的耗能计算（kJ/kg H_2O），干燥过程中的总脱水量和干燥能耗分别按下式计算。

$$m_1 = m \times \frac{C_1 - C_2}{1 - C_1} \tag{5.30}$$

式中，m_1 为脱水质量，kg；m 为干品质量，kg；C_1 为初始水分含量，%；C_2 为最终水分含量，%。

$$N = \frac{3600Pt}{m_1} \tag{5.31}$$

式中，N 为干燥能耗，kJ/kg H_2O；P 为功率，kW；t 为时间，h；m_1 为脱水质量，kg。

5.4.2.4 数据处理方法

采用 origin8.5 和 DPS（ver. 8.05）数据处理软件对试验数据进行处理和方差分析，响应面试验结果采用 Design-Expert 8.05 进行二次多项式回归分析。

5.4.3 试验结果与分析

（1）怀山药酶解工艺优化结果分析

如表 5.11、5.12 所示，各因素对试验指标影响显著，且影响顺序为：$B > D > A > C$，$A_3 B_3 C_2 D_1$ 组合可溶物溶出率最高，但由正交实验得出的较优水平为 $A_3 B_2 C_2 D_1$，因此需做 $A_3 B_2 C_2 D_1$ 和 $A_3 B_3 C_2 D_1$ 的进一步验证，每个试验点平行做 3 次，取平均值。结果 $A_3 B_3 C_2 D_1$ 为 82.79，$A_3 B_2 C_2 D_1$ 为 82.47，则选择 $A_3 B_3 C_2 D_1$ 即温度 70℃、加酶量 0.2%、pH7.0、酶解时间 45min。

（2）怀山药喷雾干燥全粉单因素试验结果

不同喷雾条件下山药出粉率曲线如图 5.8 所示，怀山药全粉出粉率受酶解液进料质量分数的影响较大，当酶解液质量分数为 17% 时，怀山药全粉出粉率最高；质量分数为 11%～17% 时，酶解液浓度低，固形物含量少，对应的含水量较高。因此喷雾干燥过程中物料水分脱除所需的蒸发热就大，容易使待干物料呈半湿状态粘于干燥室内壁，影响后续干燥，致使怀山药全粉的出粉率降低，质量分数过高时，怀山药酶解液因固形物含量较高，黏性较大，不易流动而团聚结块，成品易吸湿潮解，成粉性差。综上，怀山药酶解液质量分数应选取 17%。

进风温度对怀山药全粉出粉率的影响也很明显，在进风温度 140～180℃范围内，怀山药全粉出粉率随进风温度的升高而增大，当继续升温到 190℃时，喷雾干燥室内产生严重的热熔挂壁现象，出粉率较低且怀山药全粉颜色发黄，这可能与怀山药中含有黏性糖蛋白及玻璃化转变温度有关，当进风温度高于怀山药酶解液的玻璃化转变温度时，物料会从玻璃态转变为黏流态，且温度过高，物料容易发生焦糖化反应，使糖类物质发生脱水降解，颜色变黄；综上考虑，选取的进风温度在160～180℃范围内。

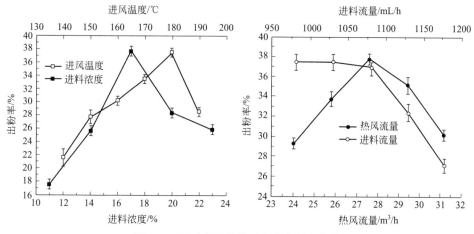

图5.8 不同喷雾条件下山药出粉率曲线

由图5.8可知，怀山药全粉出粉率随热风流量的增大，呈现先增大后减小的变化，热风流量为27.60m³/h时，怀山药全粉的出粉率最高为38.1%，这是因为热风流量过大，怀山药酶解液在干燥室中的停留时间就短，致使待干物料未被充分干燥而呈现半干状态，在较大热风流量的作用下粘于干燥器内壁和旋风分离上。相反，若热风流量较小，风力较弱，则待干物料在干燥室内停留的时间就相对较长，待干物料未能被及时抽走，使进入的未干燥物料粘于已干燥的物料表面而发生粘壁现象，致使出粉率降低；综上，热风流量应控制在25.80～29.40m³/h范围内。

怀山药全粉出粉率随进料流量的升高而接近直线下降，这是由于在热风温度和热风流量条件固定的情况下，进料流量越大，出风温度就相应地降低，干燥后的产品含湿量增加，易粘壁，且质热传递效果差，致使怀山药全粉出粉率降低；但当进料流量过小时，干燥速率就大幅度降低，干燥时间较长，因此控制进料流量在1030～1130mL/h范围内。

（3）喷雾干燥多因素的响应面试验分析

① 响应面试验结果　根据怀山药酶解液喷雾干燥单因素试验结果，确定怀山药酶解液进料质量分数为17%，以热风温度（A）、热风流量（B）和进料流量（C）3个因素为试验因素，以怀山药全粉出粉率为响应值（Y），采用中心组合设计进行3因素3水平响应面分析试验，结果见表5.14。

表 5.14 响应面试验方案及结果

试验号	A 热风温度	B 热风流量	C 进料流量	出粉率/%
1	−1	−1	−1	26.65
2	1	−1	−1	31.43
3	−1	1	−1	30.59
4	1	1	−1	37.59
5	−1	−1	1	24.77
6	1	−1	1	30.57
7	−1	1	1	28.46
8	1	1	1	32.43
9	−1.682	0	0	28.21
10	1.682	0	0	37.44
11	0	−1.682	0	26.24
12	0	1.682	0	33.45
13	0	0	−1.682	31.56
14	0	0	1.682	27.58
15	0	0	0	33.38
16	0	0	0	34.55
17	0	0	0	32.46
18	0	0	0	34.22
19	0	0	0	34.98
20	0	0	0	33.12

② 怀山药全粉出粉率的响应面方差分析 采用 DPS（ver.8.05）数据软件对表 5.15 中的试验数据进行回归分析，获得怀山药全粉出粉率的二次多项回归方程为：$Y=33.79+2.71A+2.03B-1.22C+0.049AB-0.25AC-0.57BC-0.39A^2-1.45B^2-1.54C^2$。由回归方程可以看出，一次项系数的绝对值的大小顺序为 $A>B>C$，则表明热风温度对该模型的怀山药全粉出粉率影响最大，其次是热风流量和进料流量，对该模型进行方差分析，各项回归系数及其显著性检验结果见表 5.15。

从表 5.15 可以看出，回归模型 $P<0.0001$，说明该模型非常显著，决定系数 $R^2_{adj}=0.9464$ 说明该模型能解释 94.64%响应面的变化。失拟项 $P=0.7522>0.05$，失拟不显著，说明该模型与实际数据拟合良好，试验误差小。一次项 A、B、C 的 P 值均小于 0.01，说明热风温度、热风流量和进料流量对出粉率影响都极显著，二次项 B^2、C^2 的 $P<0.05$，说明对怀山药全粉出粉率影响显著，而

表 5.15 回归模型方差分析

变异来源	自由度	开方和	均方	E 值	P 值	显著性
A 热风温度	1	100.64	100.64	144.65	＜0.0001	＊＊
B 热风流量	1	56.49	56.49	81.20	＜0.0001	＊＊
C 进料流量	1	20.48	20.48	29.44	0.0003	＊＊
AB	1	0.019	0.019	0.027	0.8720	
AC	1	0.51	0.51	0.73	0.4142	
BC	1	2.59	2.59	3.72	0.0826	
A^2	1	2.22	2.22	3.19	0.1044	
B^2	1	30.13	30.13	43.41	＜0.0001	＊＊
C^2	1	34.32	34.32	49.33	＜0.0001	＊＊
模型	9	239.59	26.62	38.26	＜0.0001	＊＊
残差	10	6.96	0.70			
失拟项	5	2.39	0.48	0.52	0.7522	
纯误差	5	4.56	0.91			
总变异	19	246.54				

$$R^2 = 0.9718 \qquad 调整 \ R_{adj}^2 = 0.9464$$

注：＊＊差异非常显著（$P<0.01$），＊差异显著（$P<0.05$）。

其余项对出粉率影响不显著，剔除不显著项，得到怀山药全粉出粉率随热风温度、进料流量、热风流量变化的标准回归模型为：$Y = 33.79 + 2.71A + 2.03B - 1.22C - 1.45 B^2 - 1.54C^2$。

经 Design-Expert 8.05b 软件分析优化，得到怀山药全粉喷雾干燥的最佳条件为：热风温度 180℃、热风流量 28.53m³/h、料流量 1060mL/h，通过分别固定热风温度、进料流量和热风流量其中 1 个因素在优化得到的最佳水平，研究剩下 2 个因素之间的交互作用，并分析其对怀山药全粉出粉率的影响规律，相互交互响应面图如图 5.9 所示。

从图 5.9 可以看出，当喷雾干燥进料流量恒定为 1060mL/h 时，怀山药全粉出粉率随热风流量的增加先逐渐增加后逐渐减小，随热风温度的升高而明显增加，且存在极值点，因此当热风温度和热风流量分别为 170～180℃、26.70～29.40m³/h 范围内时，怀山药全粉的出粉率要高于 35%；当喷雾干燥热风温度恒定为 180℃时，怀山药全粉出粉率则随进料流量和热风流量的增加均呈现先逐渐增大后逐渐减小的趋势，当热风流量和进料流量分别在 28.00～29.20m³/h、1040～1070mL/h 范围内时，存在极大值点，怀山药全粉出粉率高于 38%；当热风流量恒定为 28.53m³/h 时，怀山药全粉出粉率随进料流量的增加也是先逐渐增大后逐渐减小，随热风温度的升高而增大，当喷雾干燥热风温度、进料流量分

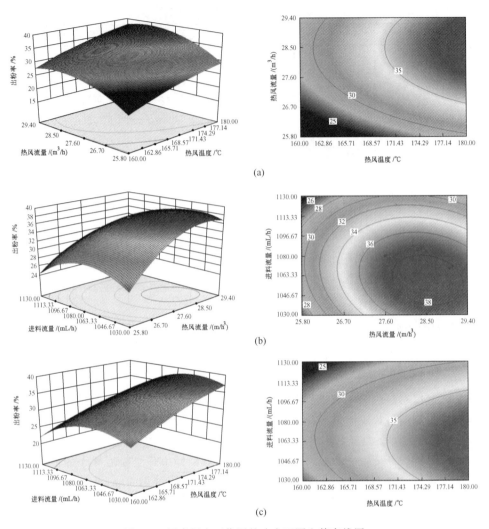

图 5.9　因素间交互作用的响应面图和等高线图

别在 $170\sim180℃$、$1030\sim1100mL/h$ 时，存在极大值点，怀山药全粉出粉率高于 35%。

③ 怀山药全粉喷雾干燥工艺的优化与验证　以怀山药全粉得率为响应值，利用软件对试验数据进行优化分析，得到的怀山药全粉喷雾干燥的最佳条件为：热风温度 $180℃$、热风流量 $28.53m^3/h$、进料流量 $1060mL/h$，得到喷雾干燥全粉出粉率的理论值为 38.74%；为验证响应面优化条件是否可行，在优化得到的最佳条件下进行喷雾干燥怀山药全粉出粉率的验证试验，同时，考虑试验的可操作性，将最佳条件调整为：热风温度 $180℃$、热风流量 $28.60m^3/h$、进料流量 $1060mL/h$，并在此条件下对怀山药酶解液进行喷雾干燥，得到的喷雾干燥全粉

出粉率为 37.59%，与理论值相差 1.15%，这说明了响应面试验优化的条件是可行的，在该条件下，喷雾干燥所得怀山药全粉主要成分为糖类物质，其中多糖含量为 44.26%，还原糖含量为 34.68%，含水率低达 3.9%，储存稳定性好；怀山药全粉呈细微粉末状，分散性较好，色泽为乳白色，具有怀山药特有的甜香味。

5.4.4 小结

喷雾干燥制得的粉制品质地松脆，溶解性好，但怀山药中含有较多的淀粉，且黏度较大，若不经淀粉酶酶解直接进行喷雾干燥会使待干燥物料大量粘于喷雾干燥器中，加大喷雾难度，降低出粉率，造成浪费；酶解辅助喷雾干燥不仅能提高喷雾效果，且制得的粉溶解性好。因此，酶解辅助喷雾干燥方法使制得的怀山药粉品质更优。

未经预煮的怀山药打浆后会出现一层厚厚的泡沫，浆色褐变程度严重，因此加入了预煮 30min 工艺，预煮后怀山药中的淀粉基本糊化，淀粉颗粒变小，便于后续酶解工艺，且能突出怀山药的香甜味，使成品香味浓郁。

本文采用响应曲面法优化了酶解液的喷雾干燥条件，对试验数据进行回归分析，得到回归方程：$Y = 33.79 + 2.71A + 2.03B - 1.22C - 1.45B^2 - 1.54C^2$；回归模型 $P < 0.0001$，失拟不显著，调整决定系数 $R^2 = 0.9464$，说明该模型显著，且该模型与实际数据拟合良好，可以对参数进行预测和控制；得到的喷雾干燥怀山药全粉的冲调性好，色泽风味佳，含水量低。

◆ 参考文献 ◆

[1] 肖静. 洋葱油提取、分析及微胶囊研制 [D]. 南京：东南大学.

[2] 马超，韦杰，郑二丽，等. 洋葱精油微胶囊化工艺研究 [J]. 中国调味品，2015 (11)：46-49.

[3] 吴海敏，杜曦微，张连富. 分光光度法测定洋葱精油中硫代亚磺酸酯含量 [J]. 食品工业科技，2011，32 (2)：356-358.

[4] 李若彤. 蜂蜜醋酸饮料的研制 [D]. 福州：福建农林大学，2011.

[5] 段续，刘文超，任广跃，等. 双孢菇微波冷冻干燥特性及干燥品质 [J]. 农业工程学报，2016，32 (12)：295-302.

[6] 张莉华，许新德，陈少军，等. 微胶囊叶黄素理化性质及其稳定性研究 [J]. 中国食品添加剂，2007，(4)：92-95.

[7] 刘春泉，林美娟，宋江峰，等. 基于模糊数学的糯玉米汁感官综合评价方法 [J]. 江苏农业科学，2012，40 (2)：197-199.

[8] 侯学敏，李林霞，闫桂琴，等. 响应面法优化薄荷叶总黄酮提取工艺及抗氧化活性 [J]. 食品科学，2013，34 (6)：124-127. DOI:10.7506/spkx1002-6630-201306027.

[9] Ozdikicierler O, Dirim S N S, Pazir F. The effects of spray drying process parameters on the

characteristic process indices and rheological powder properties of microencapsulated plant (Gypsophila) extract powder [J]. Powder Technology, 2014, 253: 474-480.

[10] 巨浩羽, 肖红伟, 郑霞,等. 干燥介质相对湿度对胡萝卜片热风干燥特性的影响 [J]. 农业工程学报, 2015, 31（16）:296-304.

[11] 路宏波, 张冲, 冯岩,等. 复合凝聚法制备鱼油微胶囊技术的研究 [J]. 食品工业科技, 2008（6）: 120-123.

[12] 张立坚, 杨会邦, 蔡春. 3种淡水鱼油脂肪酸的含量分析 [J]. 食品研究与开发, 2011, 32（4）: 115-117.